献给安娜

旧日时光无限美好

Sy Montgomery

章鱼星人

The soul of an Octopus

A Surprising Exploration into the Wonder of Consciousness

〔美〕赛·蒙哥玛丽 著　王小可 译

海洋出版社

2017年·北京

图书在版编目(CIP)数据

章鱼星人 / (美) 赛·蒙哥玛丽 (Sy Montgomery)著 ; 王小可译. — 北京 : 海洋出版社, 2017.6

书名原文: the soul of an Octopus

ISBN 978-7-5027-9780-5

Ⅰ. ①章… Ⅱ. ①赛… ②王… Ⅲ. ①章鱼目－研究 Ⅳ. ①Q959.216

中国版本图书馆CIP数据核字(2017)第236483号

章鱼星人

著　　者 / (美) 赛 · 蒙哥玛丽

译　　者 / 王小可

策划编辑 / 项　翔

责任编辑 / 蔡亚林

责任印制 / 赵麟苏

出　　版 / 海洋出版社

北京市海淀区大慧寺路8号

网　　址 / www.oceanpress.com.cn

发　　行 / 新华书店北京发行所经销

发行电话 / 010-62132549

邮购电话 / 010-68038093

印　　刷 / 北京朝阳印刷厂有限责任公司

版　　次 / 2017年11月第1版

印　　次 / 2017年11月第1次印刷

开　　本 / 787mm × 1092mm　1/16

字　　数 / 204千字

印　　张 / 17.5

书　　号 / 978-7-5027-9780-5

定　　价 / 49.90元

◇目录◇

◇**雅典娜** 与一只章鱼的心灵邂逅 ◇—001

◇**奥克塔维娅** 品味疼痛，看见梦境 ◇—033

◇**迦梨** 来自海洋的情谊 ◇—067

◇**卵** 新生·消亡·改变 ◇—101

◇**潜水** 在海洋里呼吸的艺术 ◇—131

◇**离去** 自由·渴望·逃离 ◇—163

◇**羯磨** 抉择·命运·爱 ◇—193

◇**意识** 思考·感受·了解 ◇—227

◇**致谢** ◇—263

◇**译后记** 我们只是人类 ◇—267

雅典娜

与一只章鱼的心灵邂逅

那是三月中旬难得暖和的一天，新罕布什尔州正值冬雪初融之时，我去了波士顿。人们沿着港口散步，或坐在长凳上吃冰淇淋甜筒，我却告别了温暖的阳光，走进阴暗潮湿的新英格兰水族馆。我和一只太平洋巨型章鱼有个约会。

我对章鱼了解很少——甚至连“章鱼（octopus）”这个英文词的复数形式都会弄错，误以为不是“octopuses”而是“octopi”。（后来我才搞清楚，章鱼一词的英文来源是希腊语而不是拉丁语，不能按照拉丁语的名词变格法来把单数us词尾变成复数i词尾。）但有限的理解已经足够让我着迷。这种动物有着蛇一样的毒液，鹦鹉一样的喙状嘴，以及老式钢笔一样的墨汁。成年章鱼的体重可与成年男子相当；他那松软无骨的身体伸展开来有一辆小汽车那么长，但当挤成一团时，却可以穿过一个橙子大小的空隙。他可以改变自己的颜色和形状，可以用皮肤来品尝味道。最吸引人的一点是，章鱼很聪明——这是我在书里读到的，也就是说，我实在缺乏直接的体验。和许多在水族馆参观章鱼的人一样，我也常有这样的感觉：当我怀着强烈的兴趣观察章鱼时，他也怀着同样强烈的兴趣在观察着我。

这怎么可能？你很难找到比章鱼更不像人类的动物了，二者的身体结构完全不同。我们在空气中呼吸，他们在水里呼吸。我们的身体从上到下依次是：头，身体，四肢；而他们是：身体，头，腕足。如果你把他们的腕足比作我们的手臂，那他们的嘴就长在腋窝下面。而如果你更愿意把他们的腕足比作我们的腿，那他们的嘴就长在，呃……胯下。

他们的腕足上布满了灵敏而有力的吸盘，这是哺乳动物所没有的器官。不仅如此，他们根本就不属于脊椎动物，与脊椎动物中的哺乳类、鸟类、爬行类、两栖类和鱼类都不同。章鱼属于无脊椎动物中的软体动物，和蛞蝓、蜗牛、蛤蜊同属一类。软体动物通常不怎么聪明——比如蛤蜊，他连大脑都没有。

早在五亿多年前，章鱼和人类就各自进化成了不同的物种。与进化树远端的另一种生物进行心灵交流——我想知道，这真的可能吗？

章鱼代表着无比神秘的“他者”。他们看起来就像异形生物。他们生活的海洋世界占了地球的大部分面积（占地球表面积的70%，可居住空间的90%以上），比陆地大得多。地球上的大多数动物都生活在海洋里，其中大部分是无脊椎动物。

我想要遇见一只章鱼，想要接触另一种现实，想要探究一种全然不同的思维方式——如果章鱼会思考的话。做一只章鱼是什么感觉？跟做人的感觉一样吗？我们人类有可能了解这些吗？

因此，当水族馆公关主管在大厅接待我，并将我引见给这只叫雅典娜的章鱼时，我感到无比荣幸，仿佛是在拜访另一个世界。但在那一天，我所发现的其实不是什么异世界，而正是我们这颗可爱的蓝色星球——她[①]陌生的另一面，惊心动魄，而又精彩绝伦。作为一名在地球家园里生活了半个世纪的博物学家，我第一次感觉到，自己终于看到了家园的全部面貌。

◇◆◇

雅典娜的主饲养员没在。我的心猛地一沉，担心会有无关人员打开章鱼的水族箱。我知道全世界有250多种章鱼，太平洋巨型章鱼是其中最大的一种，人类完全无力与之对抗。雄性太平洋巨型章鱼每只吸盘的直径可达8厘米，能举起13千克的东西，而他有1600只吸盘。章鱼咬人时，会注射一

① 英文中指称与人类有较为亲密关系的动物时，习惯用拟人的“he/she”，译文直接译为“他/她”，以保留原著风格。——译者注

种神经性毒素，并喷出能够分解血肉的唾液。如果章鱼趁机逃出打开的水族箱，那才是最糟糕的情况，既威胁到章鱼自身，也会给水族馆造成巨大的麻烦。

还好，另一位管理员向我伸出了援手。他叫斯科特·多德，四十岁出头的大个子，蓄着银色胡须，一双蓝眼睛炯炯有神。斯科特是淡水区的资深管理员，淡水区就在雅典娜所住冷水区的大厅下面。1969年6月20日，水族馆开馆当天，斯科特第一次来到这里——当时他还只是个穿着尿布的婴儿——而从那之后就基本上没离开过了。差不多这里所有的动物他都了如指掌。

斯科特一边掀开水族箱沉重的顶盖，一边跟我介绍说，雅典娜大概两岁半，体重18千克左右。我爬上那架只有三级的可移动小梯子，弯下身子去看。雅典娜伸展开来有两米长，脑袋有一个小西瓜那么大——我所说的“脑袋”其实包括她真正的头部和套膜，或者说她的身体，总之是以哺乳动物的眼光来看，脑袋应该长的地方。“她的脑袋现在起码有一个甜瓜那么大，”斯科特说，“可她刚来那会儿，脑袋只有柚子那么大。”太平洋巨型章鱼是地球上生长速度最快的动物之一。他们从米粒大小的卵里孵出来，三年之内，体长和重量就可以超过一名成年男子了。

斯科特掀开顶盖时，雅典娜已经从容积2100多升的水族箱深处游了过来，打量着我们。她接近水面，整个身体因为兴奋而发红。她将两条腕足撑在水族箱的两个角上，伸展开其余的腕足，白色吸盘面朝上，像人的手掌一样伸出来，仿佛想要和我们握手。

“我可以摸摸她吗？”我问斯科特。

“当然。”他说。我取下手表和围巾，然后挽起袖子，将两只胳膊伸入水温仅有8℃的水中。水漫过胳膊时，寒冷彻骨。

她橡胶似的腕足在水中翻动着，伸向我。几十个柔软的吸盘摸索着，转眼之间，就将我的双手和前臂卷了起来。

这种感觉不是所有人都喜欢。博物学家兼探险家威廉·贝比，就很讨厌被章鱼触摸。“每次为了完成工作，不得不抓住一条腕足时，我的内心总是充满了挣扎。”他坦率地说。

维克多·雨果认为这令人恐惧，会带来厄运。他在《海上劳工》中写道：“幽灵会附着在你身上，老虎会把你吞掉，而这种恐怖得像恶魔一样的鱼，可以吸光你的生命之血……你的肌肉膨胀，体内经络扭曲，皮肤在令人憎恶的压迫下破裂，鲜血喷涌而出，与这怪物可怕的淋巴液交融。它那无数张丑恶的嘴紧紧吸在受害者身上……”

对章鱼的恐惧根植于人类内心深处。公元79年前后，老普林尼在《自然史》中写道：“没有哪种水生动物杀人的方式，比章鱼更加残忍了。它将人缠住，用无数吸盘包裹起来，然后撕成碎片……”

“她正盯着你看呢。”斯科特说。

我低头看见她闪闪发亮的目光，却下意识地伸出手，摸了摸她的脑袋。雨果曾这样描述章鱼的身体：“韧如皮革，坚似钢铁，冷若寒夜。”但是让我惊奇的是，她的脑袋滑溜溜的，简直比蛋奶冻还要柔软。她的皮肤上有着红宝石和银子似的斑点，仿佛深红色的海面上满缀着漫天繁星的倒影。当我用指尖轻抚她时，她的皮肤开始变白了。当章鱼放松时，他们就会变成白色。章鱼的“近亲”乌贼也是如此。雌性乌贼在遇到同性伙伴时，皮肤也会变成白色，因为此时她们不需要对敌，也没有躲藏起来的必要。

和人类女性一样，雌性章鱼也会分泌雌性激素，所以她通过品尝味道就能分辨我的性别。其实章鱼可以用整个身体来尝味道，不过吸盘的感知最为敏锐。雅典娜用吸盘给了我一个异常亲密的拥抱。她一触碰到我，就会立刻尝一尝我的皮肤，也许还在试着尝尝皮肤下面的肌肉、骨骼和血液。尽管这只是我们初次相遇，但是雅典娜已经以一种前所未有的方式，对我进行了一番了解。

我对她很好奇，她对我似乎也很好奇。她先用腕足尖端较小的吸盘贴着我，再渐渐地改用头部附近较大的，更有力的吸盘将我贴住。我站在小梯子上，将腰弯成90度直角，就像一本打开一半的书。这时我才意识到，她正慢慢地把我拖进她的水族箱。

我很乐意去水族箱里和她做伴，唉，可惜我不太适合。她的巢穴位于一块突出岩石的底部。在巢穴里，她可以像流水一样自由活动，我却不能，因为我的骨骼关节无法在里面舒展。如果我站着，水面会平齐我的胸部，但是她拉我的方式会让我一头栽到水里，很快就会缺氧。我问斯科特，我能不能试着掰开她的腕足，于是他轻轻地把我们拉开了。当她松开我时，她的吸盘像小活塞一样发出砰砰的声音。

◇ ◆ ◇

"章鱼？！它们不是怪物吗？难道你不害怕？" 第二天，当我和朋友乔迪·辛普森出去遛狗时，她惊慌地问我。这个疑问与其说暴露了她对自然界的无知，倒不如说反映出了西方世界普遍的偏见。

许多西方艺术作品，从13世纪的冰岛传说到20世纪的美国电影，都生动地描绘了巨型章鱼（以及其近亲巨型乌贼）的恐怖形象。古冰岛萨迦《奥勒瓦·奥兹》（*Orvar-Odds*）[①]中描述过一只巨大的“哈夫古法”（hafgufa）[②]，说它“可以吞没人类、船只、鲸鱼，以及任何它能够追上的东西”。这种神话中的海怪，其原型无疑是某种有腕足的软体动物。曾有法国水手声称，一只巨型章鱼在安哥拉海岸袭击了他们的船只。1801年，软体动物专家皮埃尔·德蒙福特据此创作了一幅钢笔淡彩画，其中描绘了一只巨大的章鱼从海里探出身来，将腕足缠绕在帆船之上，一直攀援到三根桅杆的顶端。这是章鱼给现代人留下的最不可磨灭的印象之一，至今仍有水手把画里的形象文在手臂上。德蒙福特声称大海中至少存在两种巨型章鱼，并且笃定地认为，1782年的某个晚上神秘消失的十多艘英国军舰，就是遭到其中一种章鱼的袭击。（不过一位幸存者稍后揭开了谜底：舰队其实是遭遇了飓风。这令德蒙福特名誉扫地。）

阿尔弗雷德·丁尼生于1830年发表的一首十四行诗中描写了一只可怕的大章鱼：

> 无数硕大无朋的章鱼往外涌，
> 来用巨腕扇这酣睡的绿怪兽。[③]

当然还有儒勒·凡尔纳于1870年出版的法国科幻小说《海底两万里》，章鱼在其中也扮演了大反派的角色。在1916版同名电影中，进行水

① 萨迦（saga）是北欧地区的一种古代文学体裁，类似“史诗”和“传奇”。Orvar-Odds为传说英雄之名，字面意思为“箭矢的尖头”。译者未查到中译本，故据其在斯堪的纳维亚语中的发音进行音译。——译者注

② Hafgufa中的“haf”意为“海洋（sea）”，“gufa”意为“水汽（steam）”。——译者注

③ 此句引黄杲炘译文，摘自《英诗经典名家名译：丁尼生诗选》，外语教学与研究出版社，2014年版。——译者注

下取景的约翰·威廉姆森这样评价原著中的这一反面角色："不管是吃人的鲨鱼，还是长有毒牙的巨大电鳗，又或者是凶残的梭鱼，跟章鱼比起来，都要算是纯洁无害、待人友好，甚至可爱可亲的动物了。这些章鱼藏在黑暗神秘的巢穴中，当它们用硕大无朋、没有眼皮的眼睛盯着你时，你会有一种无法言喻的恐惧感……在它们的注视下，你的灵魂会瑟缩成一团，眉间会渗出冷汗。"到了1954年的同名电影中，章鱼则被替换成了巨型乌贼。

在朋友面前，在章鱼几个世纪以来所蒙受的无端污蔑面前，我急于为她进行辩护。"怪物？才不是呢！"字典上对怪物的定义总伴随着"巨大""丑陋"和"可怕"这类词，但在我看来，雅典娜如天使般美丽、亲切，跟丑陋、可怕完全不沾边；太平洋巨型章鱼虽然是章鱼中最大的一种，也没有以前那么大了。

甚至该不该用"巨大"这个词来形容章鱼，还处于争论之中。单条腕足超过45米长的章鱼也许存在过，但收录在《吉尼斯世界纪录大全》中最大的章鱼却只有约135千克重，单条腕足伸展开来只有约10米长。据报道，1945年在加利福尼亚州圣巴巴拉市附近的海岸，有人捕捉到了一只更重的章鱼，其体重达到约180千克。但令人失望的是，一张相关照片显示，如果以照片中的人为参照物，这只章鱼伸展开来的腕足长度只在6.1到6.7米之间。而且从现代记录来看，巨型章鱼的尺寸完全无法与他们的软体动物"近亲"——巨型乌贼相比。近期的一个例子，是一艘新西兰渔船在南极洲附近捕获的巨型乌贼，其体重超过450千克，腕足伸展开来超过9米。

"怪物爱好者"们不免要感到遗憾，因为世界上最大的章鱼似乎在半个多世纪前就被人猎捕光了。

我极力向我的朋友描述，雅典娜有多么优雅、温顺，表现得多么友好，但乔迪表示怀疑。在她读过的书中，这种巨大、黏滑、长满了吸盘的头足类动物都被描绘成了怪物。于是我改变了战术，以退为进："就算是怪物吧，但是做个怪物也不一定是坏事嘛。"

我对怪物总是怀有某种喜爱。小时候我就喜欢哥斯拉和金刚，而不喜欢那些致力于杀掉他们的人。在我看来，这些怪物的发怒是完全合理的。谁也不想在睡梦中被一颗原子弹震醒，所以哥斯拉难免变得暴躁。至于金刚，很少有人会因为他吸引了菲伊·雷①这个大美女而指责他。（反倒是菲伊·雷的尖叫会让耐心不如大猩猩的人放弃观影。）

如果你站在怪物的角度来看事情，那么他们做的每件事都是合理的。关键是要学会像怪物一样思考问题。

◇◆◇

雅典娜和我的拥抱结束后，她游回了巢穴中，我则踉踉跄跄地走下那架只有三级的小梯子，站了好一会儿。我感到头晕目眩，呼吸困难，心里只有一个字："哇！"

"她居然会向你展示她的脑袋，这太难得了。我也挺吃惊的。"斯科特说。他还告诉我，之前在这里生活过的两只章鱼——杜鲁门，以及更早之前的乔治——只会向游客展示他们的腕足，而不会展示他们的脑袋。

如果考虑到雅典娜的个性，她今天的行为尤其让人惊奇。杜鲁门和乔

① 菲伊·雷（Fay Wray, 1907—2004年），出生在加拿大的美国女影星，在1933年版经典电影《金刚》中出演女主角。——译者注

治都是懒散的章鱼，而雅典娜是一只精力特别旺盛的章鱼，正如她的名字（希腊神话中司掌战争与智慧的女神）一样。她十分活跃，兴奋的时候皮肤会隆起并且变红。

不同的章鱼各自拥有鲜明的个性，这一点从饲养员给他们取的名字就看得出来。在西雅图水族馆里，有一只太平洋巨型章鱼被取名叫作“艾米莉·迪金森”①，因为她特别害羞，总是躲在水族箱里的立体景观后面，来水族馆参观的人几乎没怎么见过她。最终人们把艾米莉放回了原来捕获她的地方——普吉特海湾。还有一只章鱼叫作“花花公子拉瑞”②，因为他老是用腕足在饲养员身上摸来摸去，你刚把这几根腕足掰开，他已经用更多的腕足缠了上来。第三只章鱼叫作“破坏王鲁克霞”，因为她经常把水族箱里的一切东西拆成碎块。

章鱼们很清楚，人类也由不同的个体组成。他们对不同的人类爱憎分明，比如在面对自己了解并信任的人时，他们会表现得和平时不一样。举个例子，虽然章鱼乔治对参观者心怀戒备，但对他的饲养员——资深管理员比尔·墨菲，却表现得友好而放松。

水族馆在2007年把乔治和比尔的视频发布在了YouTube上，我来之前正好看过。在视频里，乔治浮在水族箱顶，又高又瘦的比尔弯下腰去轻轻地抚摸他，帮他挠痒痒，乔治也用腕足轻轻地抚摸比尔。比尔的手指缓缓滑过乔治的脑袋，一边告诉摄影师说：“我把他当朋友看。这些天以来，我一直照顾他，和他朝夕相处。有的人可能觉得章鱼很可怕，黏糊糊的，

① 艾米莉·迪金森（Emily Dickinson, 1830—1886年），美国女诗人，从25岁开始弃绝社交，闭门不出。——译者注

② 花花公子拉瑞（Leisure Suit Larry），系列电子游戏名。主人公拉瑞喜欢泡妞。——译者注

但是我很喜欢。有时候我觉得他们就像小狗一样可爱。我会摸摸他的脑袋，挠挠他的额头，他也很喜欢我这样做。”

章鱼能很快分辨出谁是朋友，谁是敌人。西雅图水族馆的生物学家罗兰·安德森在他的一项研究中，将八只太平洋巨型章鱼放到两个穿着相同蓝色水族馆制服的陌生人面前，然后让一人不停地给其中一只章鱼喂食，让另一人用又粗又硬的棍子不停地戳他。不到一周，当这两个人透过水面看章鱼的时候，大部分章鱼不需要触碰和品尝味道，只要第一眼看到他俩，就会爬向那个喂食者，远离那个讨厌鬼。有时，章鱼还会将他的喷水管（靠近章鱼头部侧面），用于在海中喷射前进的虹吸管——瞄准那个用棍子戳过他的人。

有时，章鱼会对特定的某个人表现出厌恶。在西雅图水族馆，一位生物学家每晚对一只章鱼进行例行检查时，章鱼都会从虹吸管中朝她喷出冰冷刺骨的咸水。那只章鱼平常对人十分友好，只对那位生物学家如此——很可能是后者的夜行灯激怒了章鱼。野生章鱼不仅用虹吸管来前进，还会用虹吸管击退他们不喜欢的东西，就像人类用吹雪机清理人行道一样。同样，新英格兰水族馆的章鱼杜鲁门也总是这样对待一名志愿者，每次看到她，都会用咸水喷她。后来，那个志愿者离开水族馆去念大学，在那期间，杜鲁门没有喷射过任何人。几个月以后，她再次来到水族馆时，立刻又被杜鲁门喷了一身。

章鱼具有思想、情感和性格吗？这个疑问困扰着一些科学家和哲学家。

拿黑猩猩来说，他们与现代人类的直系祖先拥有紧密的联系，而就在最近，许多研究人员甚至发现，黑猩猩竟然拥有自尊心。然而自从1637

年，法国哲学家勒内·笛卡尔提出“我思故我在”，认为只有人类会思考，因此也只有人类拥有道德后，这一观点至今流行于现代科学领域，就连著名科学家珍·古道尔也受此影响——她对野外黑猩猩的某些观察结果颇为有趣，20年来却迟迟不敢将其发表出来。在坦桑尼亚贡贝溪保护区进行的广泛研究中，她曾多次观察到黑猩猩之间存在故意欺骗的现象，比如故意不发出表示该处有食物的叫声，避免让同类发现水果。由于畏惧其他科学家指控她把研究课题“人格化”，也就是把属于“人”的情感投射到研究客体上——这在动物学领域堪称原则性的错误——她才未能将这些研究成果及时撰写成文。同样，当我和贡贝的一些研究者交谈时，发现他们因为害怕同行不相信，从20世纪70年代起就不再发表一些研究成果。

“人类总是不遗余力地轻视其他物种的情感与智力。”就在我认识雅典娜之后不久，新英格兰水族馆的公关主管托尼·拉卡斯这样说道。

“特别是对鱼类和无脊椎动物的偏见。”斯科特表示赞同。

我们沿着梯道盘旋而上，参观梯道所围绕的“巨型海洋馆”。它缩写为“GOT”，是整个水族馆中心的支柱。它有三层楼高，容积75.7万升，是加勒比海珊瑚群的栖息地。尽管许多人拒绝承认动物拥有心智，我们仍打破科学禁忌，谈论着这一话题。此时，鲨鱼、鳐鱼、海龟和热带鱼群在我们身边轻盈地游过，仿佛白日间涌现的梦幻。

斯科特谈起一只章鱼，说她那狡猾的掠夺行为堪比古道尔笔下狡诈的猩猩。“有一箱特殊品种的比目鱼，是用来做研究的，离那只章鱼所在的水族箱大概5米远。”但让研究员惊慌的是，这些比目鱼竟然一只一只地消失了。直到有一天，他们在案发现场抓住了凶手——这只章鱼从她的水族箱里钻出来，嘴里正叼着比目鱼。“我们发现她的时候，她看上去挺心虚的样子，偷偷瞟了我们一眼就溜走了。”

托尼给我讲了比米尼的故事。她是一只巨大的雌性护士鲨（nurse shark），曾住在巨型海洋馆里。有一天，这只鲨鱼攻击了水族箱里的一只长着斑点的海鳗，并把他叼在嘴里游来游去，海鳗的尾巴还露在外面。

“一个相当了解比米尼的潜水员朝她摇着手指表示反对，然后敲了敲她的鼻子。”托尼告诉我，比米尼立即把海鳗吐了出来。（现场的兽医及时对这只海鳗进行了急救，可惜无力回天。）

类似的事情曾发生在我家那只边境牧羊犬萨莉的身上。我们曾在树林里遇见过一只死掉的鹿，她马上吃了起来。而当我向她吼道：“给我吐了！”她真的就朝我吐了出来。我一直为她的乖巧听话而感到骄傲。但是，鲨鱼也会这样吗?

事实上，鲨鱼并不会吃掉水族箱中的其他鱼类，因为他们总是被喂得很饱。“但有时出于饥饿之外的原因，他们会伤害或者吃掉其他动物。”斯科特告诉我。

曾经有一天，一群细长、体色明亮、背鳍像镰刀的鲳鲹在巨型海洋馆的水面附近扑腾。“他们吵得要死。”托尼说。这时一条沙虎鲨（sand tiger shark）冲向水面袭击他们，咬他们的鳍片——但没打算杀死或者吃掉他们。显然，鲨鱼只是生气了。“那是统治者在向属下示威，而不是猎食者在捕杀猎物。”托尼告诉我。

在许多人看来，我们是在胡说八道。怀疑论者正确地指出，人类很容易误解动物，即使是那些与人类最为相近的动物。几年前，我在婆罗洲拜访高尔迪卡的研究营地时，一群圈养长大的猩猩正在学习如何在野外生存。有一个新来的美国志愿者十分喜爱这种毛发蓬松的橘色猩猩，她朝一只成年雌性猩猩跑过去，想要给对方一个拥抱。这只猩猩却一把提起这名志愿者，用力将她摔在地上。女志愿者没有意识到，这只猩猩并不想要被一个陌生人抱住。

我们总是忍不住去设想，动物和我们有相同的感觉，尤其是当我们想讨得他们欢心的时候。然而，一位从事大象研究的朋友跟我讲了这样一件事：

一名自称能和动物“通灵”的女士去动物园拜访了一只好斗的大象。在和这只大象进行“心灵交流”后，她告诉饲养员：“这只大象真的很喜欢我呢，他想把头靠在我腿上。”有趣的是，这位“通灵”女士的确说对了一部分——大象有时真的会把他们的头靠在人的腿上。但是，他们这样做是为了杀人。他们用前额将人压得粉碎，就像你用鞋底碾碎烟头一样。

20世纪初，奥地利裔英国哲学家路德维希·维特根斯坦曾写下一句名言：“即使一头狮子会说话，我们也不能明白他说了什么。”狮子还算和我们接近一点，起码都是哺乳动物；至于章鱼，和我们彼此误解的可能性还要大得多。他们的身体构造很特别，有三颗心，一个包裹着喉咙的大脑，还有不生毛发的黏滑套膜。连他们血液的颜色都与我们的不同——因为章鱼血液中运送氧的是铜原子而不是铁原子，所以他们的血液呈蓝色。

美国博物学家亨利·贝斯顿在他的经典著作《遥远的房屋》中，这样描述动物和人的关系：“他们不是我们的兄弟同胞，也不是我们的下属，但他们拥有人类失去或从不曾拥有过的敏锐感官，能够聆听我们永远听不到的声音。他们属于另外的国度，却也被生命与时间的网络捕获，和我们一样，成为见证地球光辉与苦难的囚徒。”对许多人来说，章鱼不仅属于另一个国度，更是来自遥远邪恶星系的异形生物。

但对我来说，雅典娜不仅仅是只章鱼。我非常喜欢她，她是一个独特的个体，又像是一道传送门，将我带入到一种新的思维方式当中。她让我开始对人类的思想进行反思，开始探索其他生物的想法。她引导我以一种全新的方式探索自己的星球——一个大部分由水构成，对我来说全然陌生的世界。

◇◆◇

回到家后，我试图将与雅典娜的互动过程在脑海里重新“放映”一遍。这很困难，因为她太多变了。她的身体像凝胶一样，八条橡胶似的腕足在水中漂浮。她的肤色、形状和纹理也在不断地变化。上一秒，她可能是鲜红色的，皮肤坑坑洼洼；下一秒，她或许就变成了深棕色或白色，皮肤也变得光滑了。她体表斑块的颜色变化很快——不到一秒钟就能完成转变——我刚留意到她上一次的变化，她就又变了种颜色。借歌曲作者约翰·丹佛的一句话来说就是，她占用了我全部的感知能力。

由于没有关节，她的八条腕足可以同时朝向不同的方向，不断地摸索、盘绕、伸展。每条腕足看起来都像是拥有自己想法的独立生物，事实上也正是如此，因为章鱼五分之三的神经元都不在大脑里，而在他们的腕足上。如果把章鱼的一条腕足从身上切掉，几个小时之内，这条腕足还能若无其事地正常活动。有人认为切掉的腕足会继续捕食，甚至还能抓住猎物——只不过悲哀的是，等她想要把猎物送到嘴里时，嘴已经不在那里了。

雅典娜的一个吸盘就可以吸引我全部的注意力，更何况她有1600个。

每一个吸盘要同时分别进行不同动作：吸、尝、抓、握、拽、喷。太平洋巨型章鱼的每条腕足上都有两排吸盘，最小的在足尖，最大的在接近嘴巴的三分之一处（体形较大的雄性章鱼吸盘直径接近8厘米；雅典娜的吸盘直径只有约5厘米）。每一个吸盘都有两个腔室。外边的腔室形状像一个宽口吸盘杯，有几百个一直延伸到边缘的细小放射脊。里面的腔室是吸盘中心的一个小洞，也是吸力的来源。无论抓住什么，吸盘都可以为之改变形状。每一个吸盘甚至可以折叠成一个钳子的形状，就像你的大拇指和食指那样。一个吸盘由一个神经元独立、自主运作，且吸力都强得不可思议。老牌生物类网站“The Cephalopod Page”的一位管理员，詹姆斯·伍德曾计算得出结论：一个直径约6厘米的吸盘可以吸起约16千克的重物。假设所有的吸盘都有这样的尺寸，那么章鱼就可以吸起约25吨的重物。另一位科学家也计算过，将一只较小的普通章鱼和他抓住的物体分开，需要0.25吨的力量。“潜水的人需要倍加小心。”伍德说。

雅典娜的吸盘在接触我时十分温柔。我不害怕她，也就没有抗拒她的拉拽。后来，当我和她的饲养员比尔通电话安排下次见面时，他告诉我，当时我其实很幸运。

“好多人都被章鱼给吓坏了，”他告诉我，“有游客来的时候，我们通常会安排一些人在旁边协助，不让游客吓得手忙脚乱。我们也说不准章鱼会做出什么来，所以尽量让他们待在水族箱里。就说雅典娜吧，她有次用四条腕足缠在我身上，我刚把它们扒下来，另外四条又缠了上来。”

“我想，我们都有过类似的体验。”我说。

当雅典娜品尝我的胳膊和手掌时，她专门盯着我的脸看。令我印象深刻的是，她竟然能够辨认出一张与章鱼如此不同的脸。我想知道，除了看着我的脸，她是不是也想尝一尝。我问比尔可不可以让章鱼那样做。

“不，”他强调说，“我们不会让他们靠近人的脸。”

“为什么？难道她会把人的一只眼睛吸出来吗？”

“有那个可能。”比尔说，一边徒劳地想把清洁刷从章鱼的腕足中夺回来，“章鱼总是会赢。你最好清醒点，千万别让她靠近你的脸。”

“我感觉她好像想把我拉进水族箱。”我对比尔说。

“她确实有可能把你拉进去，”他说，“她会试一试。”

我急切地想要再给她一次机会。我们定在一个星期二去见雅典娜，那天比尔会在，最有经验的一位章鱼志愿者威尔逊·莫纳西也会在。斯科特和比尔先后对我说过同样的话：“威尔逊对付章鱼很有一套。”

威尔逊曾是一名工程师，也是理特咨询公司的创始人，取得过多项专利。他的成果之一是将立方氧化锆作为人造钻石引入市场（法国人此前已经人工合成过立方氧化锆，却不知道如何应用）。在水族馆里，威尔逊还有另一个重要的任务：为章鱼设计有趣的玩具，让聪明的章鱼有事可做。据比尔解释，章鱼没事儿干的时候会感到无聊，而让章鱼感到无聊不但对章鱼很残忍，对其他生物也很危险。

我曾经和两只边境牧羊犬以及一头重达340千克的宠物猪生活过，所以非常清楚，让一只聪明的动物感到无聊简直就是引火上身。他们总是做一些让你头疼的事儿来打发时间，西雅图水族馆里的破坏王鲁克霞就是典型例子。另外在圣塔莫尼卡，一只大概只有20厘米长的加利福尼亚双斑蛸（California two-spot octopus）①，曾设法打开了她所在水族箱的阀门，流出

---

① 蛸科即章鱼科，是软体动物中的一个科目。双斑蛸是其中一种，在世界多个海域均有分布。——译者注

来的水淹没了水族馆办公室，破坏了崭新的生态地板，造成了数千美元的损失。

让章鱼感到无聊，带来的另一种危险是：他们会绞尽脑汁往更有趣的地方跑。他们像霍迪尼一样，擅长从箱子中逃脱。英国普利茅斯海洋生物研究所的L. R. 布赖特威尔曾在某天凌晨两点半看到一只章鱼爬下梯子——从研究所实验室的水族箱里逃了出来。还有一次，在英吉利海峡，人们驾驶拖网渔船捕获到一只章鱼，把他放在了甲板上。他设法从甲板上滑了下去，沿着跳板，一直滑到船舱。几个小时后，人们在茶壶里发现了他。还有一只章鱼，他生活在百慕大一个小型私人水族馆里，有一次推开了水族箱的盖子，溜到地板上，然后爬下阳台，朝着大海前行。他爬行了将近30米，直到筋疲力尽，瘫倒在草坪上，被一群蚂蚁蚕食而死。

2012年6月，媒体报道了一件更令人惊讶的事情。凌晨三点，在加州蒙特雷湾水族馆内，一名安全员在页岩礁展区前的地板上发现了一块“香蕉皮”。走近一看，他们才发现“香蕉皮”其实是一只健康的红色小型章鱼。安全员根据黏液进行追踪，把章鱼放回了他原来所在的展区。但令人震惊的是：水族馆并不知道页岩礁展区住着一只红色章鱼。显然，这只章鱼在他小时候就吸附在某块新添入展馆的岩石或海绵上，“搭便车”来到水族馆，从此在这儿长大，却没有人知道他的存在。

为以防万一，水族馆工作人员精心设计了防止章鱼逃跑的盖子，并且想尽各种方法让章鱼有事可做。2007年，克利夫兰城市动物园制作了一本内容丰富的章鱼手册，里面写满了如何取悦这种聪明生物的精彩点子。有的水族馆把食物藏进一种叫作“土豆头先生”的玩具里面，让章鱼拆解；

有的则向章鱼提供乐高积木。俄勒冈州立大学哈特菲尔德海洋科学中心发明了一种奇妙的装置，章鱼可以移动装置上的杠杆，在画布上喷洒颜料，从而创造出艺术作品。这些作品被拿来拍卖，为章鱼水族箱的维护筹集资金。

在西雅图水族馆里，一只名叫萨米的太平洋巨型章鱼很开心地玩着塑料球。这种塑料球和棒球一样大，由可以拆分的两个半球组成。一名工作人员放了些食物在塑料球里，然后惊奇地发现，萨米不仅打开塑料球，吃了里面的食物，还在吃完后把塑料球拧上了。萨米的另一个玩具由塑料管道组成，就是宠物沙鼠喜欢钻的那种管道。和水族馆管理员预想的不同，萨米没有将腕足探进塑料管里，而是喜欢把塑料管一节节拧下来，然后递给生活在同一个水族箱里的海葵。这只海葵和他的同类一样没有大脑，他玩了一会儿塑料管后，就把它们塞进了嘴里，最后又吐了出来。

威尔逊做事一向超前。早在第一本内容丰富的章鱼手册出版之前，就已经开始设计既安全又适合章鱼智力的玩具了。

威尔逊在理特咨询公司的实验室工作时，设计了一组由透明树脂玻璃制成的三个盒子，不同的盒子有不同的锁。最小的盒子上有一个可以滑动的闩，拧一下就可以锁住盒子，就像马厩的门闩一样。你可以把章鱼最喜欢的食物——活螃蟹——放进不上锁的盒子里，然后章鱼会把盒盖打开。就算你把盒子锁上，章鱼也总有办法打开它。然后你可以试试加大难度。第二个盒子上面有一个闩，可以逆时针转动后卡进槽里，把盒子锁起来。你可以把螃蟹放进第一个小盒子，然后把它锁进第二个盒子里——章鱼照样有办法将它打开。第三个盒子有两个不同的闩，一个是滑入式的，另一种则有一个杠杆臂，用来锁上盒子上的盖子，就像关上一个老式的罐头瓶。比尔告诉我，一旦章鱼“搞清楚”开锁的方法，他就可以在三四分钟内打开所有的锁。

我盼望再次见到比尔和威尔逊，急着听一听其他的故事。但我更渴望再次见到雅典娜，看她面对已经认识的人，会有什么反应。我其实最想知道的是，她能不能认出我来？

◇◆◇

比尔和我在水族馆大厅碰面。他32岁，身高两米，身材修长而健壮，一头棕色短发，脸上挂着灿烂的笑容，连眼角都笑出了皱纹。他穿着绿色的水族馆制服，右边袖子下露出几条触须图案——那是僧帽水母（一种会蜇人的水母）的文身，和一片蔚蓝色的风帆文在一起。我们去楼下的水族馆咖啡厅，然后从员工专用楼梯来到比尔管理的冷水馆。他负责照料那里的15000只海洋生物，其中有像雅典娜这样的无脊椎动物，有海星和海葵，也有巨型龙虾、濒危的海龟、奇特而古老的喀迈拉（chimera），还有幽灵鲨（ghost shark）——后者是一种深海生物，有着粗钝的平板型牙齿，是四亿年前从鲨鱼种群中分化出来的软骨鱼类。比尔了解这儿的每一只海洋生物，有的生物从出生（或者孵化、长出胞芽）开始，就处于他的照看之下，还有的是他在缅因州附近和太平洋西北部冰冷的海域里考察时收罗回来的。

威尔逊已经到了。他比比尔矮得多，留着黑色小胡子，衣冠整洁，性情沉稳，操着一口我听不太懂的中东口音。他看起来很年轻，不过从他的发际线来看，他的孙子或许都快长大成人了。事实上，他已经78岁了。

现在将近上午11点，是雅典娜的喂食时间。隔壁水族箱顶盖上已经放好一盘13厘米长的银色毛鳞鱼。我们得赶紧拿去喂她了。

比尔掀开沉重的顶盖，将它悬吊在上方的挂钩上。顶盖与水族箱边沿的轮廓曲线完美契合，下面还蒙了一层网眼细密的线网——这是为了防止章鱼在喂食时趁机逃跑。比尔去冷水区处理其他事务，让我和威尔逊留在这里。威尔逊爬上活动短梯，弯下身子向水族箱里看。

雅典娜刚刚还在巢穴里，一眨眼就出现在威尔逊面前，快得像从锅里喷出的水蒸气，吓了我一大跳。这可比她上次朝我游过来时快多了。

“她认识我。”威尔逊简单地向我解释说。他把手伸进冷水里和她打招呼。

雅典娜在水中弓起她的白色吸盘，抓住威尔逊的手和前臂。她用银色的眼睛看着他，然后做了一件让我吃惊的事：她翻转过去，就像一只小狗露出自己的肚皮。威尔逊在其中一条腕足中间的吸盘上放了一条鱼，她用一个又一个吸盘连续传递着那条鱼，就像是工厂的传送带一样，最终把鱼送到嘴里。我很想看看她的嘴巴里面的喙。但令我失望的是，那条鱼就像自动扶梯运行到尽头一样，凭空消失了。威尔逊说他也从来没见过章鱼露出自己的喙。

直到现在，我才注意到一只巨大的橙色向日葵海星正朝着威尔逊的手游来。他有一个十分适合海星的名字——“星光”。他有20多条腕足，每条腕足超过60厘米长。此刻，他正依靠他的15000个管足向我们缓缓移过来。向日葵海星是海星中体形最大的，他和其他海星一样，没有眼睛、脸和大脑。（当处于最初的囊胚阶段时，海星一度曾有发育出大脑的迹象，但随即仿佛改变了主意，转为在嘴巴周围长出一个神经网络。）

“他也想要一条鱼。”威尔逊说。（这只海星是雄性，证据是他某天曾排出大量精子，把水族箱里的水弄浑浊了。）威尔逊随手递给了他一条毛鳞鱼，就像在餐桌上递给客人黄油碟一样轻松自然。

一只无脑动物怎么会“想要”某个东西呢？更难的是，他怎么能让另一个物种知道他想要呢？也许雅典娜就知道。通过观察这只海星的习性和怪癖，她可能猜到了，她的这位邻居有点独特。在哈特菲尔德海洋科学中心的游客中心，章鱼玩完“土豆头先生”之后，这只海星便会做出引人注目的举动：用两条腕足夹住“土豆头先生”，将它拿走。

“他看起来真的很可爱。”为章鱼发明了绘画装置的克里斯汀·西蒙斯告诉我。她认为这只海星好奇心很强。“每次章鱼得到一个新玩具，这只海星就会想方设法把那个玩具从章鱼身边拿走——真的太有趣了！”如果工作人员把玩具从他身边拿走，这只海星还会忙着把它找回来。

我在想：一只无脑动物会有好奇心吗？他想要玩耍吗？还是说他只是出于本能，需要玩具和食物，就像植物需要阳光一样？海星有意识吗？如果有，那是什么样的呢？

毫无疑问，我进入了另一个世界，我们脊椎动物的规则在这里并不适用。在我们眼前，这只海星开始消化毛鳞鱼，后者渐渐溶解，我感觉自己像在观看一部延时摄影的纪录片。海星会将胃袋从口中吐出，在体外消化捕获到的动物。他的主要捕食对象是海胆、海螺、海参以及其他海星。

待海星饱餐一顿之后，威尔逊又回到雅典娜那儿，给她喂剩下的鱼。他把鱼一条接一条放到雅典娜不同腕足的吸盘上，一共放了三条。我惊讶地看着她将每条鱼依次通过许多吸盘传递到嘴里，这样似乎需要花费很长时间才能吃到一条鱼。为什么她不弯一弯腕足，直接将鱼送到嘴里呢？然后我突然意识到，这也许和我们吃冰淇淋的方式一样——我们也喜欢慢慢舔尝冰淇淋，而不是直接一口吞掉。品尝是令人愉快的，通过慢慢品尝，我们才知道什么东西美味而安全，什么东西不能吃。章鱼的吸盘和我们的舌头做着同样的事。

吃完鱼之后，雅典娜开始轻轻地玩弄威尔逊的手掌和前臂。她腕足的尖端如同藤蔓的卷须，偶尔会卷到威尔逊的胳膊肘上，动作似乎非常慵懒。但是大多数时候，她的腕足轻轻地扭动着，飘在水中，一些吸盘轻吻着威尔逊的皮肤。之前和我在一起时，她吸着我不放，仿佛坚持要一探究竟；但和威尔逊在一起时，她就完全放松了。我看着威尔逊和雅典娜相互触摸，脑海中浮现出一对快乐的老年夫妇形象：执子之手，与子偕老。

我也和威尔逊一样把手放入水中，触摸她空闲的一条腕足。我缓缓抚摸着她的吸盘，这些吸盘也合拢在一起开始适应我皮肤的轮廓，然后吸住我。我不知道她是否认出了我。我敢肯定，她尝出了我是另一个人，不过很可能把我当成了威尔逊的一部分。她对待我的方式，就像一个人类对待好友带来的另一位同伴。雅典娜慢慢地、懒洋洋地啜吸着我的皮肤，就像她对威尔逊那样。我弯下身去瞧她那珍珠般的眼睛，她也把脑袋抬向水面，看着我的脸。

“她也有眼皮，和人一样。”威尔逊温柔地将手放在她的眼睛上方，让她慢慢地眨了眨眼。雅典娜丝毫没有躲闪和移动。鱼已经吃完了，她还是浮在水面上，和我们待在一起。

“她是只很温柔的章鱼，很温柔……”威尔逊梦呓般地说道。

“照顾章鱼让你变得更加温柔、善良了吗？”威尔逊闻言一愣，说：“我找不到语言来回答这个问题。”威尔逊出生在伊朗，里海沿岸，靠近俄罗斯那一带。因为父母是伊拉克人，所以他小时候说阿拉伯语，后来又学了英语。他的意思倒不是自己英语不够好，所以无法回答，而是他之前从未想过这个问题。他说："我一直都很喜欢小孩。我和小孩子挺合得来。章鱼和小孩子……还是有点像的吧。"

文化背景相同的成年人类之间的日常交谈，与我们和雅典娜之间的交流完全不同。后者需要我们心态更加开放，直觉更加敏锐，因此更像是和小孩子聊天。但是威尔逊并没有把这只坚强、聪明的野生成年章鱼看作是还没发育完全的小孩子。引用加拿大已故著名作家法利·莫沃特的话来说，雅典娜"更胜于人类"，无须我们来帮助她成长和完善。她恩准我们进入她的世界，已经足够令人惊喜了。

"你不觉得荣幸吗？"我问威尔逊。

"当然，"他语气强烈地说，"荣幸之至！"

比尔完成了他的差事，回到我们中间。他高大的身躯斜靠着水族箱，伸手抚摸雅典娜的脑袋。

"这太难得了，不是每个人都能有这样的荣幸。"比尔说。

◇◆◇

我们跟雅典娜待了多长时间？不知道。把手臂伸入水中之前，我们当然要先摘下手表——然后就进入了所谓的"章鱼时间"。我们知道，当心怀敬畏，进行冥想和祷告的时候，人对时间的感知会得到延长。在水中漂流的状态也有同样的效果——这是一种完全沉浸，专注参与其中，身心愉悦的状态。

还有另一种方式可以改变我们对于时间的感知。我们人类，还有另外一些动物，都可以模仿其他个体的情绪状态。这需要用到镜像神经元——一种无论当自己做出某种动作，还是看到别人做出同一动作时，都能产生反应的大脑细胞。比如说，如果你和一个更加沉着安静的人在一起，你对时间的感知可能会渐渐变得和他同步。

也许，当我们在水中抚摸雅典娜的时候，我们就走进了她对于时间的感知——章鱼的时间是一种光滑而古老的流质，行进的节奏与人类世界的时钟全然不同。我想永远待在这里，感受雅典娜的奇异和美丽，和这位新朋友倾心交谈。

只是大家的手都冻得通红，手指都僵硬了。我们把手从雅典娜的水族箱中抽出来，感觉像是打破了一个咒语。接下来，我突然极度不适，全身笨拙无力。即使用热水冲洗发红的双手近一分钟，我仍然冷得难受，连手提袋里的笔都拿不出来，更不用说在笔记本上写字。看样子暂时当不成作家了。

“格温娜维尔是我的第一只章鱼，”比尔告诉我们，“所以她是我的最爱。”我和比尔、斯科特、威尔逊去了附近的一家寿司店吃午饭。我觉得生鱼片这类食物有点怪，但也许其实很正常——毕竟我们刚刚看过雅典娜吃生鱼。没有人点章鱼。我要了份加州寿司卷。

“你和格温娜维尔进行互动，不出两分钟，她就会整个扑到你身上。”比尔继续说。不过稍后她就会平静下来，待在旁边，用她的吸盘轻轻摸索着比尔的手臂。

格温娜维尔是第一只，也是唯一一只咬过比尔的章鱼。她并没有给他注入毒液，也没有给他留下伤痕。不过比尔还是坦承，自己不希望这种事情再次发生。他说这就像是被鹦鹉咬了一下——鹦鹉的喙可以施加每平方英寸[①]270千克的压力，所以这其实不是件小事。但是比尔表示没什么大不了的。仿佛是为了维护格温娜维尔的名声，他补充说："只是咬了一小口。"

这次咬伤事件发生在他们刚认识不久之时。此外，比尔还颇有风度地补充说，这是他自己的错。他的手离格温娜维尔的嘴太近了。"她会觉得很好奇：'我能把你吃掉吗？'"

然后他们又跟我讲了讲其他的章鱼。

"乔治真是条好章鱼，"比尔说，"他很冷静，一点也不急躁。如果是那些性情急躁的章鱼，他们会一直抓着你不放——跟他们见面的头十分钟，你得不停地扒开粘在你身上的腕足。但乔治只是游过来，爬上你的手臂，尝尝味道，然后做别的事。有时我们能玩上一个小时。"

"乔治是在我度假时去世的。"他继续说。章鱼的生命十分短暂，太平洋巨型章鱼很可能是其中寿命最长的，也就只能活个三四年。他们到水族馆时，通常已经有一岁了，有的年纪还要再大一点。"我没想过乔治会死，"比尔说，"一般来说，章鱼快要老死的时候，他们的身体、举止和肤色都会慢慢发生变化。皮肤不再是红色，老是泛白。失去了激情，不怎么爱玩，就跟老人似的。有时他们会长老年斑，就是皮肤上的白色斑块，看起来像是在蜕皮。"

"你一定很难过吧。"我说。比尔耸了耸肩，表示归根到底，这只是工作的一部分。然而当我第一次来访时，斯科特跟我谈到过比尔和他的章鱼："他把那些章鱼当成他的孩子。任何一个孩子去世，对他来说都是一种打击。这么多年来，他每天都在照顾着他们，爱着他们。"

---

① 1平方英寸约等于6.5平方厘米。

紧随乔治之后到来的章鱼叫杜鲁门，他来到水族馆时比尔刚好不在。“从一开始，杜鲁门就是最活跃的章鱼之一，”比尔说，“他是个机会主义者。”

不同的章鱼有不同的方法打开威尔逊的盒子，每只章鱼都能很快学会如何开锁。比尔会从最小的盒子开始，让章鱼尝试开锁，每周一次，持续大约一个月。两个月后，章鱼会尝试打开第二个盒子，他们每周尝试一次，两到三周后就能掌握开锁方法。第三个盒子因为有两把不同的锁，章鱼可能需要尝试五到六次才能成功。尽管每只章鱼都能学会如何开锁，但由于性格差异，他们偶尔也会分别采用不同策略。

冷静的乔治总是很有条理地开锁。但是格温娜维尔却很急躁。有一次，见到最小的盒子里面有只活螃蟹，她非常兴奋，就使劲挤压套在外面的中号盒子，结果用力过猛，把盒子弄破了。过了一会儿，轮到杜鲁门开盒子时，他看起来很享受开锁过程。有一天，比尔给杜鲁门开了小灶，在最小的盒子里放了两只活螃蟹。当两只螃蟹开始打斗时，杜鲁门兴奋极了，锁都顾不上开，缩起两米长的身体，就从格温娜维尔挤破的裂缝（15厘米×5厘米）穿了进去。于是大家发现，他挤在230立方厘米的中号盒子，和里面100立方厘米的小号盒子——中间的空隙里，吸盘朝外，压成扁平状。杜鲁门没能打开那个小盒子，大概是被夹得太紧了，实在施展不开。等杜鲁门终于从盒子里出来时，比尔还是把那两只螃蟹喂给了他。

正因为章鱼能挤进很小的空间里，水族馆管理员有时候被吓得够呛。有一次，乔治藏在一块大岩石下面，比尔拼命找了半天也没找到他，吓得半死。“我还以为他跑出去了。”比尔说。

“不管大小，只要是个洞，他们就能钻进去。”威尔逊说。

十多年前，斯科特认识一只小型加勒比章鱼，他住在水族馆的一个叫作“首饰盒”的小展箱里。一天，斯科特来工作时发现水族箱里的水溢到了地板上，章鱼也不见踪影。然后他发现那只章鱼溜到了展箱的背景板后面，还把自己挤进了直径只有1厘米的循环水管道中。这下怎么办呢?

“我记得小时候看过国家地理频道的一档节目。”他说。节目中，希腊的渔民放置用来捕捉章鱼的双耳瓶，过一段时间把瓶子连章鱼一起收回来。章鱼们整夜捕食之后准备休息，把双耳瓶当成安全的藏身之所，结果却被心怀不轨的渔民抓走。被捉之后，他们自然是躲在瓶里不出来，渔民们也不想打破瓶子，就往里面灌进淡水。章鱼因为不能在淡水中存活，自己就出来了。于是斯科特用同样的办法对付这只小型加勒比章鱼，果然很管用。

后来，他又用这个办法对付了一只喜欢捣乱的太平洋巨型章鱼。时隔多年，斯科特已经记不起那只章鱼的名字，但当天发生的事还历历在目。那天，斯科特掀起水族箱的顶盖给那只章鱼喂食，章鱼缠住了斯科特的整条手臂。他扒开她的一条腕足，她的其他腕足又缠了上去。“她不肯回到水族箱里，但我还有别的事儿要做。”他说。他把手伸进水族箱对面的水槽，拿起一只罐子，舀满淡水，往那只章鱼身上倒。她马上就缩了回去。“我当时想，我用智慧战胜了章鱼！”斯科特得意地说。

然而章鱼很生气。“她全身变得猩红，皮肤上到处都起了刺儿。当时已经到了危急关头。我没注意到，她的身体正在膨胀起来——她用虹吸管吸了很多水，然后把一大股咸水喷到了我脸上！”当斯科特湿淋淋地站在那里时，他注意到章鱼露出了和自己刚才一模一样的表情：“我用智慧战胜了人类！”

◇◆◇

几周后，我第三次去看雅典娜。比尔和威尔逊都不在，斯科特为我打开了水族箱。雅典娜正在自己常待的巢穴里休息，那是一块岩石下面的一角。但是她很快就游上水面，倒挂在我面前。

起初我有点失望，因为她没有露出头看我一眼。她对我不再好奇了吗？还是说，她已经趁我不注意，羞怯地透过套膜瞥了我一眼，就像戴着面纱的女子一样？这是不是表示，就算已经有过亲密接触，她还是要靠吸盘触碰，才能认出我是谁？如果她认出了我，为什么她不像以前那样靠近我？为什么她要像把打开的雨伞一样，倒挂在我面前？

但是紧接着我意识到，她是在向我索要食物。

斯科特问了其他饲养员，了解到雅典娜并不需要每天喂食，不过她也已经几天没吃东西了。所以他允许我喂给雅典娜一条毛鳞鱼。我把鱼放在她的一个大吸盘上，她就开始把鱼往嘴里送去。她先用另外两条腕足包住鱼，用更多的吸盘密密麻麻地贴上去，就像人类在舔着手指，细细品尝。

她一吃完，我就把手伸向更深处的水中。现在她已经允许我抚摸她了。我轻抚她的头和套膜，再一次惊讶于皮肤的柔软与质感：她的皮肤会挤到一起，形成突起与褶皱。她的腕间膜轻柔得像一层薄纱，薄得能看到下面的气泡，就像有时我们可以透过泳衣看到里面的气泡一样。

尽管她的身体与我如此不同，当我抚摸她时，她的反应却和接受爱抚的小猫、小狗或小孩一模一样。尽管她的皮肤可以改变颜色，品尝味道，但有一点和我的身体一样：得到爱抚时会放松下来。尽管她的嘴长在腕足之间，她的唾液能够分解肌肉，她还是和我一样，饿的时候都喜欢大吃一顿。

在那一刻，我感到对她有了一些基本的了解。我不知道改变颜色，喷射墨汁的感觉如何，但我知道得到爱抚的感觉有多美妙，在饥饿之时享受食物的感觉有多美妙。

我知道快乐是什么感觉。雅典娜是快乐的。

我也是快乐的。开车赶回新罕布什尔的途中，快乐在我的心胸间满溢。我心想，这次给她喂过了食物，就算她之前没记住我，下次也一定会记得了。

◇◆◇

一周之后，斯科特发来的邮件让我呆住了。

“很抱歉要告诉你这个坏消息。雅典娜已经到了生命的尽头，只剩最后几天，甚至几个小时。”

不到一小时之后，他又发了封邮件告诉我，雅典娜去世了。

我没料到眼泪会倾盆而下。

为什么会这样悲伤？我是个很少哭的人。对方和我仅仅有过三面之缘，见面时间总共不超过两小时——按道理我会难过，却不至于哭泣。我不知道我在雅典娜的心中是否有分量，就算有，也一定很轻吧。我比不上威尔逊和斯科特，算不上雅典娜的挚友。但她对我来说意义重大。她之于我，就像格温娜维尔之于比尔，是我们的“第一只章鱼”。我们还几乎谈不上认识彼此，但她向我投来的一瞥，却使我走进了此前完全陌生的心灵世界。

这确实是个悲剧：我才刚刚认识她。我哀悼着我们未曾绽放便已枯萎的友谊。

1974年，美国哲学家托马斯·内格尔在一篇关于“意识的主观性”的文章中提出了一个著名的问题：“做只蝙蝠是什么感觉？”许多哲学家可能会认为，做只蝙蝠谈不上什么“感觉”，因为他们中的一些人指出，动物并不存在意识。自我感知是意识重要的一部分，许多哲学家和研究者认为，只有人类才有感知。塔夫茨大学某位教授在一本书中提到：如果动物有意识，那么狗就不会乖乖地被拴住，海豚也不会被金枪鱼网困住。（这位教授显然没读过“亲爱的艾比”[①]上的专栏文章。人类有意识，可是妻子为什么不离开对她们施暴的丈夫？人们为什么不干脆与粗鲁的亲家停止来往？）

内格尔得出的结论，与维特根斯坦在更早之前得出的结论相同——我们不可能知道做只蝙蝠是什么感觉。毕竟，蝙蝠依赖回波定位认识世界，我们人类不具备这一功能，也很难想象这种感觉。我们与章鱼的心灵之间又有多远的距离呢？

我仍然在想：做只章鱼是什么感觉？

我们想知道的正是我们所在乎的，难道不是吗？和章鱼每次见面，一起用餐，倾诉秘密，分享静寂时光，每一次触碰，每一次对视，我都忍不住在想：做你，是什么感觉？

“有一只小章鱼正从太平洋西北部运往波士顿，”雅典娜去世几天

①“亲爱的艾比”（Dear Abby）是创建于1956年的报刊咨询类专栏，针对形形色色的读者来信撰写答复，给出建议。——译者注

后，斯科特给我写信说，“方便的时候，来跟这八条腕足握个手吧。”

应斯科特邀请，我准备跨越亿万年来物种进化差异的鸿沟，和章鱼成为朋友。

Athena

◇ ◆ ◇

奥克塔维娅[1]

品味疼痛，看见梦境

① 本章章鱼主角“奥克塔维娅”（Octavia）的名字源自拉丁语，最早是古罗马帝国凯撒大帝的侄女、奥古斯都的姐姐的名字，一译“屋大维娅”。本书中的章鱼名字多引经据典，包括前文中的雅典娜（古希腊战争与智慧女神），后文中的迦梨（印度教女神）等。——译者注

“嗨，美女！”我站在威尔逊旁边的梯凳上，靠着水族箱的顶盖，跟这只新来的章鱼打了个招呼。

我这会儿还看不见她，但已经知道她长得很漂亮——我之前在公众观赏台上看到过。我迫不及待地想要跟她见面。她比雅典娜小得多，长得更加精致，她的头只有大个儿的克莱门氏小柑橘那么大。她的皮肤呈深褐色，带有刺状物，整个身体靠白色的吸盘黏附在玻璃上。她最大的吸盘直径不足2.5厘米，最小的比铅笔尖还要细。她银色的眼睛透过自己缠成一团的腕足，偷偷往外面看。

我大声问比尔：“她叫什么名字？”他正在我们身后调校一个水族箱上的过滤器。那个水族箱里暂时住着一条钩吻杜父鱼（grunt sculpin），他的眼球突出，看起来像一只波士顿犬。

“奥克塔维娅。”比尔的声音透过泵和过滤器的杂音传了过来。一个来水族馆参观的小女孩儿给取了这个名字，比尔觉得不错，于是就这么叫了。

奥克塔维娅在不列颠哥伦比亚水域被捕捞起来，然后通过联邦邮政，用船运回水族馆，产生的运费远比她的卖价还高。在见到她之前，我按捺住急切的心情等了好几个星期，等她先适应水族馆的生活。

今天和我一起来到水族馆的，是我的朋友莉兹·托马斯。她是一位作家兼人类学家，和我一样深受加拿大作家法利·莫厄特口中的“其他生物”吸引。20世纪50年代，青少年时代的莉兹和父母一起住在纳米比亚，布希尔曼人的部落中间。她在自己的第一本畅销书《无害的民族》中提到过他们。之后她花了60年时间研究狮子、大象、老虎、鹿、狼和狗，并撰写与此相关的纪实文学作品。此外她还写了两本以旧石器时代为背景的小说。她也想要与章鱼近距离接触。

威尔逊试着用食物来引诱奥克塔维娅。他用一把长抓钩夹着章鱼的近亲——鱿鱼，递给奥克塔维娅，但是她一动不动，甚至没有伸出一条腕足。

“可爱的小家伙，快过来看看我们啊!”向一个无脊椎动物（尤其还是没有耳朵的动物）提出这样的请求，听起来可能有些疯狂，但是我就是忍不住想跟她说话，就像我对狗或人说话一样。

威尔逊晃了晃那条鱿鱼，让鱿鱼的八条腕足和两条用以摄食的腕足在水中浮动，使它看起来就像活的一样，同时也让鱿鱼的味道在水里扩散开来。通过皮肤和吸盘，奥克塔维娅一定闻到了鱿鱼的味道，她也一定看见了鱿鱼。但她还是对鱿鱼无动于衷，或者说，对我们无动于衷。

威尔逊说：“我们等会儿再试一次吧，也许她会改变心意。”

当威尔逊跟比尔忙着工作的时候，我和莉兹走上了环绕在巨型海洋馆外的盘旋通道。在通道下面，钢青色的蓝雀鲷和色彩艳丽的黄尾雀鲷在玻璃纤维似的珊瑚中来回穿梭。成群的黄尾笛鲷游过，就像是在商场里闲逛的少男少女们。

往更高一点的地方走，只见鳐鱼借助软骨质的双翼在水中遨游，他们的近亲——鲨鱼则有所图谋地辗转游弋，仿佛接到了什么紧急命令。巨大的海龟用长着鳞片的前肢划水，漫游其中。

大家最爱的一只海龟名叫莫特尔。她的身体呈绿色，重达250千克，被称为“巨型海洋馆女王”。莫特尔来到这里的时候，水族馆仅创办一年。在水族箱里，她占据支配地位，即使面对鲨鱼，她也能从他们布满尖牙的嘴里偷走鱿鱼。一代又一代的孩子们长大了，他们都认识这只风度翩翩、无所畏惧的海龟。她经常游到玻璃前面，与游客正面相对。她还喜欢让潜水员挠她的背（海龟的甲壳上布满了神经末梢）。大家还知道，当她最爱的水族馆工作人员谢莉·弗洛伊德·卡特轻拍她的脑袋时，她会趴在卡特的腿上睡觉。莫特尔甚至还有她自己的脸谱网主页，点赞数差不多每天都会超过一千。

人们认为莫特尔已经差不多80岁了（如果真是这样，那就意味着她能见证当年还在蹒跚学步的小孩，带着他们的孩子来水族馆的场景）。虽然莫特尔年事已高，但是在不久前，她还参与了一项具有划时代意义的研究。该研究表明，即使是处于高龄的爬行动物也能学习新技巧。研究人员给莫特尔提供了三个小平台：中间的那个平台上放着灯箱，而两边的平台上则各放着一个扬声器。如果灯箱里的灯亮了，她就要用前鳍去触碰灯箱；但是如果灯亮的同时还有一个扬声器发出了声响，那她必须判断是哪个扬声器发出的声响，然后用前鳍去触碰对应的平台。

当莫特尔从我们眼前游过去时，莉兹说："想想看，在她80年的生命里，她能看到和学会多少东西啊。"大多数人都认为海龟总是慢悠悠的，但事实上，绿海龟最快速度可达每小时32公里。就在这时，莫特尔开始游向水面，因为潜水员带着食物出现了。

潜水员告诉游客："莫特尔最喜欢吃球芽甘蓝。"

"我最讨厌吃球芽甘蓝了！"一个小女孩对哥哥说。

但莫特尔脑袋里想的并非只有食物。谢莉说："就算我们没有食物给她，她好像也对我们做的事情很感兴趣。她对水族箱里发生的任何事情都要探个究竟，差不多到了爱管闲事的程度。每当我们站在平台上，她总要游到我们旁边，想要看看平台上面有什么，平台周围又有什么，我得经常把她推开。"

晚上，在巨型海洋馆里拍摄宣传片或影片时，水族馆需要专门派一名潜水员去分散莫特尔的注意力，以保证她不会闯入镜头。这最多只能奏效90秒左右，然后莫特尔就会回来跟着镜头游动。

当我们回到楼上的冷水区，再次探访奥克塔维娅时，她还是不理我们。我试图找出她“害羞”的原因。为什么她不游过来看看我们呢?

威尔逊提醒我们：“每个生物都是不同的，都有自己的性格。就算龙虾也有各自的个性。等你们在这儿待的时间够久了，你们就会明白的。”

我们已经清楚地感觉到，奥克塔维娅与雅典娜完全不同。威尔逊解释说，奥克塔维娅的情况比较特殊。雅典娜的去世非常突然，出人意料。通常，章鱼老死之前会有明显迹象：身体出现白色斑点，停止进食，逐渐消瘦。这时候，水族馆就要准备迎接一只新章鱼的到来。小章鱼在非展览区成长，同时慢慢适应与人类相处。直到年老的章鱼死去，展览水族箱空出来的时候，新的章鱼才会出现在游客面前。

威尔逊说：“通常，那些在水族馆里长大的动物都非常友好，他们就像小狗和小猫一样，很喜欢玩耍。”

但是水族馆没有时间等待一只小章鱼慢慢长大，他们需要一只马上就能展览的章鱼。正如一位英国维多利亚时代的博物学家，居住在布莱顿的亨利·李，在1875年的一篇文章中写到的那样：“水族馆里若是没有章鱼，就像梅子布丁上面没有梅子。”

于是比尔从供应商那里订购了一只新的章鱼。她的个头已经很大，足以给游客留下深刻的印象。

奥克塔维娅大概已经两岁半了。因为她是在野外长大的，所以还没有感受到来自人类伙伴的温暖。比尔解释说：“太平洋巨型章鱼本来就不是圈养的，他们生活在海洋里的种群非常健康。”

威尔逊进行了最后一次尝试。他把鱿鱼挂在爪钩上，伸向奥克塔维娅，让一条腕足在水里晃来晃去，想要吸引她的注意力。

“莉兹，你快来摸她！”我大叫着，心想这个和章鱼亲密接触的机会真是千载难逢。莉兹爬了三级楼梯，来到水族箱的顶部，向奥克塔维娅卷曲的腕足顶端伸出食指。这番情景让我想起了西斯廷教堂天花板上的壁画——亚当向上帝伸出自己的手。①

莉兹与章鱼的接触只持续了片刻。莉兹触碰着章鱼足尖细腻光滑的皮肤，奥克塔维娅则卷起腕足，用小巧灵活的吸盘细细品尝莉兹的味道。突然，莉兹和奥克塔维娅同时警觉起来，立刻松开了彼此。顺便说一句，莉兹从来没被动物吓到过，或者说从来就没害怕过什么。大概三十年前，我们初遇那天，我介绍了一只雪貂给她认识，哪知道雪貂一口咬住莉兹的手，吸起血来。

“对不起。”我说。

“没关系，我才不在乎。”莉兹说，事实上她是真的不在乎。她曾独自在北极和狼共处，也曾在乌干达被一只野生豹子盯上。在纳米比亚，一只鬣狗把脑袋伸进了莉兹的帐篷，据说鬣狗会把正在睡觉的人的鼻子咬下来，但是莉兹当时却非常淡定，只是向这只强大的食肉动物问了一句：“怎么啦？”就像问站在她房间门口的妈妈一样。

然而据莉兹说，摸到奥克塔维娅的时候，她发自肺腑地感到了震惊，不由自主地往后退缩。对她来说，这样的反应真是难得一见。

① 此指西斯廷教堂穹顶上的《创世纪》系列壁画中的画面。该系列壁画出自米开朗琪罗之手。——译者注

但奥克塔维娅又是为什么被莉兹吓到了呢？当然啦，我不确定这是否跟莉兹每天抽一包烟有关。我在想，或许是因为奥克塔维娅太敏感，毕竟她的每个吸盘里都有一万个化学感受器，所以她尝到了莉兹的皮肤上面，甚至血液里面的尼古丁味道。

尼古丁是一种知名杀虫剂，对很多无脊椎动物来说都是有毒的。可能莉兹的手指让奥克塔维娅觉得讨厌，但愿她不会因此觉得我们所有人的味道都让她作呕。

第二次去看奥克塔维娅的时候，我拿起一只死鱿鱼，放进冰冷的水里朝她来回挥动。我挥到右手抽筋，又换了左手，直到左手也被冻僵了，奥克塔维娅还是远远地待在水族箱的另一侧，自始至终懒得伸出一条腕足。

那天是星期五，威尔逊不在水族馆。我走到楼下，想好好看看奥克塔维娅。她的皮肤满是乳头状突起，肤色暗淡，在石穴微弱的光下几乎难以看清。和其他种类的章鱼一样，太平洋巨型章鱼也喜欢夜间活动，因此水族箱的光线调得比较暗，看上去静谧而神秘。

她的“室友”只有约四十只玫瑰海葵，向日葵海星，以及另外两种海星——蝙蝠海星和皮韧海星。他们待在自己的位置上不动。就在章鱼的对面，一只海星用他数以千计的管足吸附在自己的一席之地上。这是一个很好的位置，因为当水族馆的工作人员打开水族箱时，他们就可以轻松地抓到投来的鱼。按照海星的标准来看，向日葵海星行动迅速，每分钟最多可以移动约0.9米。但即使没有大脑，他似乎也知道自己的速度不如章鱼快。

海葵的触手在水中轻轻摆动，仿佛微风轻拂花瓣。实际上，海葵虽然看起来像植物，但他们和章鱼，海星一样都是无脊椎食肉动物，生物学上与珊瑚和水母更为接近。海葵利用有黏性的足让身体吸附在海底，同时用一种叫作刺丝囊的细胞捕捉小鱼和小虾，并将毒液注入后者体内。

奥克塔维娅的水族箱里还有两只表情忧郁的狼鳗（wolf eel），以及一群体形较大的岩鱼（rockfish）——后者背上长着多刺、通常含有剧毒的背鳍。奥克塔维娅看起来是与其他海洋动物同住在一个水族箱里，但事实上并非如此。在太平洋西北部的野生自然环境下，我们常常可以发现这些动物一起出现；但是在这里，章鱼、狼鳗和岩鱼被玻璃板隔离开来，因此他们不会吃掉对方。狼鳗居住的区域照明光线更强一些，和章鱼所在的区域泾渭分明——这样一来，参观者会觉得里面是阴暗巢穴中的野生章鱼，外面则是一片开阔的海域。

我期待奥克塔维娅能动一动，哪怕只是抽动一下腕足的尖端，或者转动眼睛看看我们，或者改变一下皮肤的颜色。但她只是一动不动地待在那里，腕足缩成一团，把头部包裹保护起来。甚至连她呼吸的时候，我都没能看到她的鳃壳里面露出一点白色的组织。她也许一直在偷偷地看着我们，但她条形的瞳孔没有露出一丝破绽。

斯科特想带我去看一些较为活跃的生物，于是我们来到了淡水区里他最爱的地方——电鳗水族箱前。他对这里相当自豪，也确实有自豪的资本。即使电鳗看起来并不色彩斑斓，也不算特别可爱或漂亮（斯科特承认："你在厕所都能看到比这更吸引人的东西。"），但电鳗惊心动魄，又完全自然的表演，已经使这里成为整个水族馆最具人气的地方之一。

斯科特去过亚马孙河好几次，在那里，他和别人共同创立了非营利的"皮亚巴项目"①，致力于为水族馆所需的鱼类建立可持续的捕捞计划。

①　据网络资料显示，皮亚巴项目（Project Piaba）是一项公益项目，致力于建构符合环保、可持续原则的亚马孙河观赏鱼交易。——译者注

他了解电鳗的天然栖息地是什么样子，因此在这个水族箱里引种了来自亚马孙河的大量水生植物。电鳗喜欢藏在这些植物当中，但这对观众来说可是个大问题。斯科特说："他们根本找不到电鳗藏在哪里。"然后他明白了：自己应该训练电鳗。

为了让电鳗能够离开舒适的藏身之所，从水草里出来让观众看到，斯科特发明了一种装置，并将其命名为"蚯蚓部署器"。他仅仅用了几周，就让电鳗学会了一种完全非自然的行为。

这种装置构成如下：在装电鳗的桶上挂一个转动的电风扇，后者用"猴桶"[①]式塑料猴和厨房用的普通通风管连在一起。风扇放在展台的正前方，工作人员会定期往通风管里扔些活蚯蚓，蚯蚓就会顺着风扇转动所带出来的弧线，慢慢地掉到水里。

斯科特解释说："电鳗不知道天上什么时候会掉馅饼，所以他们会时不时出来碰碰运气。"这个发明唯一的缺点就是：先前这个水族箱里有两条电鳗，自从有了这个装置，他们开始为了争食蚯蚓而打架。所以现在，其中一条电鳗已经被"流放"到了斯科特办公桌旁的另一个大水族箱里。

蚯蚓部署器有许多用处。有时，斯科特用它来吸引游客。在游览高峰期，当游客都聚集在水族馆的某个特定区域时，淡水区的工作人员往往仅用一把蚯蚓就能让人群分流，将一部分人吸引到电鳗所在的水族箱。后者吸引眼球的另一个地方是：在水族箱顶部装有一个仪表板，上面有一盏由电鳗的电力供能的灯，以及一个专门收集电鳗所释放电量的电压计。这样一来，在电鳗为了电晕猎物而放电时，那盏灯就会发光，从而立刻吸引游客的注意力。

① 猴桶（Barrel of Monkeys）是由Lakeside Toys公司于1965年发布的一款玩具。——译者注

这天早晨，我和斯科特去给电鳗喂食。斯科特把蚯蚓投进了蚯蚓部署器，但这条长达90厘米的红褐色电鳗却一动不动。我猜想他是否还处于警惕当中。

斯科特说："不是这样。你看看他的脸，他睡得正香呢。"一条蚯蚓正好落在他的头旁边，他却仍然没有动弹。电鳗确实正在熟睡当中。

突然，我们看到电压计闪烁起来。

"怎么了？"我问斯科特，"我以为电鳗在睡觉。"

"他是在睡觉啊。"斯科特答道。

然后，我们同时明白了是怎么回事。

这条电鳗正在做梦。

人做梦时，完全游离在另一个独立的神秘国度。正如普鲁塔克[①]所说："所有人清醒时都处在同一个现实世界，但当他们睡着时，每个人却分别置身于自己的世界当中。"那么，动物的梦境是什么样子的？是否更加神秘莫测呢？

人类常常夸大做梦的意义。来自底比斯古城的希腊抒情诗人品达曾说，人做梦时，灵魂会比清醒时活跃。他认为，灵魂在梦境里才真正被唤醒，能够看到将来发生的事情，"未来降临的悲欢喜乐都变得明了"。难怪人们习惯于认为，做梦是人类独有的活动。多年来，研究人员一直声称梦境是一种"更高层次"的心理活动。然而，但凡养过宠物，听见过狗在睡觉时低吠，或看见过猫在睡觉时抽搐的人，都知道这种说法是错误的。

现在，麻省理工学院的研究人员不仅知道老鼠会做梦，还知道他们具体梦到了什么。当老鼠在迷宫中进行特定任务时，他大脑中的神经元会以

① 普鲁塔克（Plutarch，公元46—120年），古罗马学者。——译者注

一种独特的模式进行剧烈活动。而在老鼠睡觉时，研究人员多次观测到完全相同的神经元活动模式——它能够非常清晰地再现老鼠所梦到的迷宫场景，甚至能反映出老鼠在梦中是在奔跑还是在走动。老鼠的梦发生于大脑中已知与记忆有关的区域，这也进一步支持了以下观点：梦的功能之一是帮助动物记住他所学会的东西。

1972年的一项研究错误地表明，鸭嘴兽没有快速眼动睡眠。鸭嘴兽是一种原始的卵生类哺乳动物，已经在地球上生活了8000万年。快速眼动睡眠是一种人类做梦时才会有的睡眠状态。由于研究人员观察了无关的脑部区域，造成研究失误。1998年，一项新的研究表明，与其他哺乳动物相比，鸭嘴兽的快速眼动睡眠时间更长，约每天14个小时。

与对哺乳动物的研究相比，人类对鱼类睡眠的研究要少很多。但我们已经知道，鱼类也会睡觉，甚至线虫和果蝇都会睡觉。2012年的一项研究表明，如果果蝇的睡眠多次被打断，那么在第二天，他们的飞行会有困难——就像一个人前一天晚上失眠了，那么他第二天会很难集中注意力一样。

《牛奶树下》是我非常喜爱的一本书，每逢圣诞节，丈夫就会读给我听。作者是威尔士最伟大的诗人——狄兰·托马斯[①]，他在书中引领我们来到一个小镇，那附近是一片海域——“漆黑的海，乌黑的海，渔船随波缓缓摇摆。”到了夜里，书中的角色都已入睡，此时读者就能跟随作者，走进最诱人、也最不可思议的隐秘地带。作者向我们承诺：“你可以站在

① 狄兰·托马斯（Dylan Thomas, 1914—1953年），威尔士诗人，最负盛名的代表诗作为《不要温和地走进那个良夜》（*Do Not Go Gentle Into That Good Night*）。该诗曾在2014年科幻电影《星际穿越》（*Interstellar*）中被引用。——译者注

原地，倾听他们的梦境。”

根据心理学家荣格的解释，在你梦里出现的动物，代表着从你无意识的深海中涌现出的隐秘思想。但在这个寻常的早晨，当我置身于这个面向公众开放的水族馆，看到妈妈们推着婴儿车，身边的孩子围着我手舞足蹈、尖声笑闹之时，我感受到的不是什么隐秘思想，而是一种启示：我见证了一条鱼的梦境。

在这条电鳗的梦里，他正在捕猎，正在放电击晕自己的猎物。

我们再次回到奥克塔维娅那边。斯科特把鱿鱼挂在一根长抓钩的末端，然后举到她的正前方。奥克塔维娅抓住鱿鱼——同时也抓住了抓钩。我赶紧跑上楼梯，来到水族箱顶，踮起脚尖，把双手放进了水里。她丢掉了鱿鱼。她不但想要抓钩，现在还想要抓住我。她迅速用上百个吸盘吸附住水族箱的侧壁，用其余几十个吸盘继续吸住抓钩。接着，她用三条腕足抓住我的左臂，用其余的腕足抓住我的右臂，然后开始用力把我往下拉。

她皮肤变成了红色，布满细小的突起，这表明她非常兴奋。她的吸盘非常有力，我感觉自己的血液几乎都要被吸出皮肤表面了。我今天没准会带着一身伤痕回家。我试着去抚摸她，但双手却被她紧紧地束缚住了。她将我控制在离她一臂远的距离外，不过我至少还能看到她的头部——已经长到香瓜那么大了。她的每条腕足至少有90厘米长。在我上次探访她之后，她成长得非常迅速。

太平洋巨型章鱼是世界上食物转化率最高的食肉动物之一。一只太平洋巨型章鱼的幼体由一个米粒般大小，重十分之三克的卵孵出；之后会以每八十天翻一倍的速度成长，一直长到约20千克重；再然后，其体重会每四个月翻一倍，直到成年。

斯科特使出浑身力气拉住抓钩，想阻止奥克塔维娅把我拖进水族箱。我身不由已地陷入了和她的拉锯战中。作为一个身高1米65，体重50多千克，时年53岁的女性，我虽然已经算得上非常健康，但面对奥克塔维娅看似平稳的肌肉，却使出吃奶的力气也无法与之抗衡。章鱼的肌肉兼具径向和纵向的纤维组织，因此与我们的肱二头肌不太相似，倒更像是我们的舌头。这些纤维组织无比强大，足以把他们的腕足变得如同刚性杆状物，且收缩幅度可达50%—70%。据估计，一只章鱼的腕足肌肉能够抵抗超过自身重量一百倍的拉力。就奥克塔维娅而言，她的力量可能接近1800千克。

章鱼通常性情温和，但也有不少人因为遭到章鱼袭击而溺亡，或者险些丧命。一位名叫威廉·怀亚特·吉尔的英国传教士在南太平洋居住了二十年，其间与一些章鱼待在一起，后者的体形远小于太平洋巨型章鱼。但是，即便是如此小型的章鱼，也能轻而易举地压倒一个年轻力壮的男人。据吉尔记述，章鱼非常危险，“当地的波利尼西亚人全都对此深信不疑”。他讲述了一个同事的故事——他在追捕章鱼时被章鱼用腕足蒙住了脸，如果不是他儿子出手相救，恐怕早已窒息而亡。

另外一个例子来自戴维·赫伯特·诺里。当时他正和自己的毛利人[①]朋友在海底峡谷寻找龙虾，突然，一名同伴“开始尖叫，并试图挣脱缠住他的什么东西。我们赶紧上前帮忙，看到他正在和一只幼体章鱼搏斗”！那只章鱼只有约75厘米长。诺里告诉记述这件事的作者弗兰克·莱恩，如果他们不上去帮忙，那名同伴肯定难以逃脱，必定溺水而亡。

奥克塔维娅只是轻轻使了点劲儿，和她的全部力量比起来，拉我这一下用的力气就像逗着玩儿似的。我并没有感觉生命受到威胁，只是觉得她

① 新西兰土著民族。——译者注

在研究我，想进一步地了解我。

我只被她抓住了一分钟，或许是五分钟，但当时感觉那段时间特别漫长。然后，她突然放开了我，同时也松开了抓钩，开始往后退。

“哇噢！”当她撤回自己的巢穴后，我感叹道，“太刺激了！”

斯科特说：“我铆足了力气拉你！我生怕你全身都被她缠住，最后只剩脚踝在外面！”

我和奥克塔维娅之间发生了什么？她在想些什么呢？很显然，那时她不饿，不然她早就把那只鱿鱼吃掉了。她看起来既不害怕也不生气——我通常能判断哺乳动物或是鸟儿的类似情绪，但是对于软体动物，我就不那么确定了。

不管怎么说，斯科特和我都认为这次接触与第一次完全不同，因为第一次我和雅典娜玩得很开心。斯科特说：“她可能是在宣示自己对这块地盘的统治地位。”也许她只是想要我手上的那个抓钩，并且认为我是故意不给她。对她来说，这样的想法虽然不符合事实，却合乎逻辑。

突然，我想到了另一件事：当我急着爬上水族箱时，不慎撞疼了脚趾。当时痛觉通过神经递质传到我的体内，使我身体中的化学成分随之发生了变化。对于章鱼来说，识别传递疼痛的神经递质是一项很有用的技能，因为这样一来，她就会知道哪只猎物受了伤，然后轻而易举地捕捉猎物。今天早些时候，我见证了海鳗的梦境——而现在，这只章鱼也许感受到了我的疼痛。

在这个水之国度里，那些我从未想象过的奇妙事情正在发生，将我深深地吸引住了。

和章鱼共事过的人们也讲了一些闻所未闻的事。按照我们的常识，这些事情是如此地不可思议。比如，亚莉克莎·沃伯顿说，有一天，她发现一只拳头大小的章鱼在地上奔跑，就赶快追了上去。

是的，奔跑。你没听错。她说："你得在水族箱下面来来回回追着他们跑，就像在追一只小猫。这太奇怪了！"

亚莉克莎是佛蒙特州明德学院的兽医预科生，该学院新建了一个章鱼实验室。她认为有些章鱼会故意不配合她，有时甚至是刻意针对她。比如，当一名学生试图用网兜把章鱼从水族箱里舀出来，转移到水桶里，然后再放进T形迷宫里做实验时，章鱼可能就会躲起来，钻进角落里，或者牢牢抓住什么东西，坚决不松开。有的章鱼则会先让你抓住他，然后就把网兜当成蹦蹦床，起劲地玩了起来。他们还会像杂技演员一样从网眼里钻出去，跳到地板上，然后拔腿就跑。

亚莉克莎说，和这些小型无脊椎动物共事的经历"简直不像是真的"。在这个由清洁室改造而成的小实验室里，她和其他学生研究两个不同种类的章鱼：一种是体形微小的墨卡托蛸（Caribbean dwarf octopus），另一种是稍大一些的加利福尼亚双斑蛸——后者的套膜可达约18厘米长，腕足可达约58厘米长。她说："他们太有劲儿了。这个小东西虽然只有我的手掌那么大，力气却跟我差不多！"

这个实验室里有一个容积约1500升的水族箱，上面配有一个加重的盖子，里面被划分成不同的隔间，用来放置不同的动物。但即使是这样，章鱼还是会逃跑——他们会把盖子推开，然后爬出来。这样的举动有时会要了他们的命。他们有时还会在学生们用锤子加固的隔板下面挖个洞，然后跑到其他章鱼的地盘上，吃掉对方。或者他们会趁机交配，这对于学生们的实验是个致命的打击，因为雌性章鱼在交配后就会躲起来产卵，不愿意再做迷宫实验；而且雌性章鱼会在卵孵化后死去，雄性则在交配不久后就死去。

比起章鱼的力气，他们的意志力更加让人吃惊，那是蕴藏在每只章鱼个性里的一种纯净的力量。学生们在研究报告中提及章鱼时，本来应该用数字编号进行指代，最终他们却给这些章鱼取了名字：喷流、玛莎、格特鲁德、亨利、鲍勃。

有些章鱼是非常友好的，亚莉克莎说："他们会把腕足伸出水面，就像小狗跳起来欢迎你——或者像小孩子想要你抱着他举起来。"一只叫作克米特的章鱼很喜欢亚莉克莎抚摸他，而且还会"做一个像是缩肩膀的动作，尽管他根本就没有肩膀"，表示自己很享受爱抚。

其他章鱼则要暴躁得多。有一只墨卡托蛸就是如此，学生们称她为"泼妇"。亚莉克莎说："捉她去走迷宫总是要花上二十分钟。" 这只章鱼总是紧紧地抓住某样东西，无论怎样都不松手。

还有一只叫作温迪的章鱼，她是亚莉克莎论文报告的一个研究对象。这是非常正式的环节，需要录像，因此亚莉克莎特意穿了一身正装。然而，录像刚开始，温迪就喷了亚莉克莎一身的咸水。做完坏事后，她又赶紧逃到水族箱底部，把身体藏进沙子里，不肯出来。亚莉克莎坚持认为，这件糗事之所以发生，是因为温迪提前知道了将要发生的事情，并决定进行阻挠。

亚莉克莎说："因为温迪不喜欢被抓进网里。"

亚莉克莎的实验数据表明，加利福尼亚双斑蛸有快速学习的能力。但是，一篇期刊文章远不足以囊括亚莉克莎了解到的所有知识。她说："他们充满好奇心，渴望了解周围的一切。他们可是无脊椎动物！大家都以为他们是智商特别低下的物种！”

“我们并不了解他们，”她继续说，“我们试着做一个迷宫来测试这种生物是怎样思考的，但是以我们对他们的了解程度，还不足以进行实验。也许迷宫并不是一个好的实验方式。科学只能呈现一部分事实。虽然我知道他们在看着我，跟着我，但是要对他们的智力水平进行实证是非常困难的。没有比章鱼更独特的生物了。”

◇ ◆ ◇

距上次奥克塔维娅差点把我拖进水族箱，已经过去一周了。我又去了一次水族馆。

我有一些朋友在国家环境广播节目的“地球生物”栏目工作，他们看到我发表在《猎户座杂志》上的一篇文章后，受到了鼓舞，想要跟我一起拍摄一段视频，对章鱼的智力进行探究。他们还希望能和奥克塔维娅进行一些互动，我却不知道该预先给他们怎样的忠告。

我提前去水族馆向斯科特、威尔逊和比尔咨询，想知道奥克塔维娅会如何“接待”我那些广播台的朋友。比尔已经在这个水族馆工作了八年多，其间负责照顾五只章鱼。他这样形容奥克塔维娅的性格：“既好斗又高冷。”

威尔逊十分赞同：“奥克塔维娅不怎么喜欢跟人玩。”他说奥克塔维娅和其他的章鱼完全不同。在他跟奥克塔维娅接触的日子里，大约有一半的时间她都完全不搭理他。

威尔逊还谈到奥克塔维娅的另一个重要的独特之处——擅长伪装。

她之前的那些章鱼早在幼年期就来到了水族馆，来了就待在非展览区的水族箱或者咸水桶里，那些地方一无所有——没有岩石和底砂，没有藏身之处，也没有“室友”。虽然那些章鱼也会变色——兴奋时变成红色，平静时变成灰色或白色，介于兴奋和平静之间时，则呈现出棕色与白色相间的斑块——但他们不会根据背景色来伪装自己，因为没有什么背景好让他们伪装。威尔逊还注意到，即使把他们转移到公众展览水族箱，他们依旧不会伪装。

但是奥克塔维娅擅长伪装。

章鱼及其亲属动物拥有无与伦比的伪装能力，无论是变化的速度还是花样，连变色龙都要相形见绌。大部分拥有伪装能力的动物只是局限于一些特定的图案，而头足类动物都能随意变换30至50种图案。他们甚至能在0.7秒内就改变颜色、图案和纹理。一位研究员曾做过统计，在太平洋的一片珊瑚礁处，一只章鱼仅在一小时内就变化了177次。在伍兹霍尔海洋研究所，人们把头足类动物放到棋盘上时，他们甚至会变得和棋盘一模一样，无法辨识。当然，他们不会下棋，不会“将军”；但是，他们会变出明暗相间的图案，和任何背景混同在一起，令任何人的肉眼都难以分辨。

伍兹霍尔的一名研究员罗杰·哈隆认为，章鱼和他们的同族动物都有着所谓的“电性皮肤”。章鱼借助靠近皮肤表层的三种细胞来改变皮肤的颜色，这三种细胞分别构成三个细胞层，每一层都用不同的方式控制。

最深的一层是白色素细胞，被动地反射背景光。这个过程并不涉及肌肉或者神经。

中间的一层含有微小的虹彩细胞，每个直径约100微米。它们也会反射光，包括偏振光（人类看不见偏振光，但一些章鱼的天敌，比如说鸟就可以看到）。虹彩细胞会射出绿色、蓝色、金色和粉红色的光。部分小器官似乎是被动反应的，但其他虹彩细胞受神经系统控制。它们与神经递质——乙酰胆碱有关（这是在所有动物中，第一种被发现的神经递质）。乙酰胆碱能帮助肌肉收缩。对人类而言，它在记忆、学习和快速眼动睡眠方面发挥着重要的作用；对章鱼而言，大多数乙酰胆碱呈现为绿色和蓝色，很少呈粉色和金色。

至于最上面的一层，其中含有黄色、红色、棕色和黑色细胞，每种颜色的细胞都装在有弹性的小囊里，随着小囊的开合，皮肤的色调也随之变化。光是对眼睛进行伪装这一项，就需要调用多达500万个色素细胞。（章鱼会将眼睛伪装成多种图案，包括条纹、土匪的面具，以及四射的星光。）每一个细胞都通过一组神经和肌肉，受到章鱼的主观控制。

为了与环境融为一体，或者是为了迷惑敌人，又或是为了捕食，章鱼可以在除了吸盘、虹吸管和外套膜以外的任何部位产生各色斑点、条纹和疙瘩。章鱼也可以在皮肤上制造灯光秀的效果。其中一种动态图案被称为“过眼云烟”，因为看上去就像是一片乌云在风景画里飘过——这样即使章鱼没有移动，也会给人一种他在动的错觉。当然章鱼也可以自由控制皮肤的质地，他们能让皮肤表面的乳头状突起自由起伏，同时改变其形状和样态。居住在大西洋沙质海底的拟态章鱼尤其擅长上述技能。一段网络视频显示，这种章鱼能迅速改变自身的形状、颜色、皮肤纹理，把自己先变成一条鲽形目鱼，再变成几条缠在一起的水蛇，最后变成带有毒性的狮子鱼——这一切变化都发生在短短几秒钟之内。

今天的研究者们并不认为章鱼的上述技能都是与生俱来的。章鱼必须根据不同情况变换成不同形态，然后观察效果如何——如果有必要，还要再次改变。奥克塔维娅的伪装术比她在水族箱里的前任章鱼都要厉害，这是因为她在海洋里生活了很长一段时间。她周旋在天敌和猎物之间，从对方身上学到了很多。

这进一步证实了章鱼这种无脊椎动物的非凡智慧。但我担心的是，当我在广播电台的朋友过来时，他们可能丝毫见识不到章鱼机智的头脑，而只能看见蜷缩在洞穴里的一团松软无骨的躯体。

“如果她不愿意出来的话，那就算了吧，不必勉强。”威尔逊提醒我。

所以，在那天下午，当比尔打开水族箱顶盖的时候，我对将要发生的一切丝毫没有准备。当主持人斯蒂夫·柯伍德、制片人和录音组准备就绪后，威尔逊从放置在奥克塔维娅水族箱旁的塑料桶里抓出一条毛鳞鱼，准备给她喂食。只见奥克塔维娅激动不已，猛地冲向了威尔逊——不只是伸展出一两条腕足，而是将整个身体都扑了过去。她为了观察我们，还把头探出水面，直直地盯着我们的眼睛，然后把毛鳞鱼接了过去。她将鱼递到嘴边，把三条腕足伸出水面，又用那些最大的吸盘吸住威尔逊空着的那只手。我将双手和双臂浸入水中，然后她把我也吸住了。她先用一条腕足抓住我，然后两条，最后是第三条。我可以感觉到这些吸盘的吸力，但是她并没有把我往水里拖。

“斯蒂夫，来看看奥克塔维娅。”比尔也邀请了斯蒂夫，让他来感受一下奥克塔维娅的触摸。他说：“把你的袖子卷起来，手表也摘掉。我们经常开玩笑说，章鱼个个都是神偷，总能趁你不注意，把你的戒指或者手表给顺走。当然，我们也不希望这些锋利的东西弄伤他们。”

斯蒂夫照做了，然后伸出手指。奥克塔维娅伸出一条腕足，尝着斯蒂夫手指的味道。

“噢！”斯蒂夫叫道，“她把我握住了，就是这儿——”

威尔逊又递给奥克塔维娅一条毛鳞鱼。

斯蒂夫说：“啊！我能感觉到她的吸盘！”比尔解释说，她能单独控制每一个吸盘。

斯蒂夫说：“嚯！要是她去弹钢琴，肯定弹得很棒！你能想象吗？”

奥克塔维娅的吸盘吮吸着我们的皮肤，她的肤色发生着微妙的变化。她把一排排毛鳞鱼送到嘴里，那些没有关节的腕足仿佛在无拘无束地表演着杂技。这一切都带给我们前所未有的感觉，让我们沉溺其中。我们中有六个人在看着她，其中有三个人已经把手放进了水族箱。谁都没看清怎么回事，她已经在我们眼皮下偷走了一桶鱼。原来，她一边用几百个吸盘“研究”威尔逊、斯蒂夫还有我，一边用那些最强壮、最大的吸盘飞快地拿走了塑料桶。

奥克塔维娅对桶里面的鱼并不感兴趣，压根就没动它们。她远远地抓着桶，让桶里的鱼面朝与她相反的方向。她张开腕足之间的腕间膜，用腕足把桶包裹起来，就像一只老鹰用翅膀掩盖住自己捕获的猎物。这和一周之前，她从斯科特手里抢过夹食物的抓钩时一样：比起食物本身，奥克塔维娅对盛放食物的容器更感兴趣。

显然，我们六个人都不够有吸引力，即使她有能力同时关注多种事物，她也懒得理我们。人们参加晚宴时，如果一边用餐，一边跟身边人聊天，还要一边收发电子邮件，注意力就会分散并受到干扰；奥克塔维娅却可以同时进行大量任务，并对每一件任务都集中精力来完成。这让我们感到更加震撼，因为我们只是进行一项简单的任务——观看我们所接触的动物正在做什么——就显然耗费了全部的注意力。

斯蒂夫问比尔："原来章鱼这么聪明——那么，是不是还有一些，我们原来以为缺乏感知能力、没有个性和记忆的动物，也会这么聪明呢？"

比尔回答说："问得好。大海里面的其他动物到底是什么样子，又有谁知道呢？"

作为一种无脊椎动物，章鱼的大脑算是比较大的。奥克塔维娅的大脑约有一只核桃那么大——跟非洲灰鹦鹉的大脑一般大。艾琳·派佩伯格博士就训练过一只名叫亚历克斯的非洲灰鹦鹉，后者能够理解形状、大小、材料的概念，会做数学题，会问问题。他甚至会故意欺骗训练员，被识破之后还会道歉。

当然，大脑的尺寸不代表一切。任何东西都可以微型化，电脑技术的发展已经直观地展示了这一点。科学家评估脑力的另外一种方法是计算神经细胞的个数。神经细胞在极大程度上决定了大脑处理问题的能力。在通过这种方法进行评估时，章鱼再次给我们留下了深刻的印象。一只章鱼有3亿个神经细胞。作为比较，一只老鼠有2亿个神经细胞，一只青蛙大约有1600万个。至于同属软体动物的田螺，则最多只有11000个神经细胞。

另一方面，人脑有1000亿个神经细胞，但是人脑和章鱼的脑袋是不适合用来比较的。美国芝加哥大学的神经系统科学家——克利夫·罗格斯戴尔说："除非火星人突然出现，并自愿献身于科学实验，否则头足类动物仍然是除脊椎动物以外，唯一拥有复杂而聪明的脑部的物种。"目前，罗格斯戴尔正在研究章鱼脑部的神经元回路，希望借此判断章鱼的脑部运作方式是否与人脑相同。

例如，人脑由4个不同的脑叶组成，每一个脑叶都有不同的功能。章鱼的脑叶个数在50至70之间，因具体品种和计算方法的不同而略有差异。章鱼的大多数神经细胞集中在腕足，而不是脑部。也许正因如此，章鱼可以同时完成多重任务：协调所有的腕足；改变自身的颜色和形状；认知、思考、选择和记忆——与此同时，章鱼还能通过自己的每一寸皮肤，处理周围海量的味觉和触觉信息。章鱼眼部发达，类似人眼，它们所提供的特殊视觉图像，也是经由这些神经细胞来感知。

正如眼睛一样，人类和章鱼的大脑都有着复杂的结构，但发展的途径却并不相同。人类和章鱼共同的祖先——原始的管状生物并没有大脑和眼睛，但经过亿万年的分别进化，章鱼的眼睛和人类的眼睛还是有着惊人的相似之处——都是通过透明的角膜在晶状体聚焦，通过虹膜调节光线，然后位于眼睛后面的视网膜把光转化为神经信号，在大脑中进行处理。

不过，两者之间也存在一些差异。章鱼能看到偏振光，并且视网膜上没有盲点。（章鱼的视神经环绕在视网膜以外；我们的视神经附在视网膜上，这就造成了盲点。）我们是双目并用，可以看到前方的事物和大概的行进方向；而章鱼的广角眼睛可以看到四周的全景。和变色龙的眼睛一样，章鱼的每只眼睛都能旋转。我们的视敏度能延伸至远处的地平线，而章鱼只能看到大概2.5米以内的事物。

人与章鱼之间还有一个重要的差异。人眼具有三种视觉色素，这能让我们看见颜色，但是章鱼只有一种。也就是说，作为伪装高手，章鱼虽然能随意改变自身的颜色，但他们却都是色盲。

那么，章鱼怎么确定要变成哪种颜色呢？一项新发现表明，章鱼也许能通过皮肤“看到”周围的环境。伍兹霍尔海洋研究所和华盛顿大学的研究人员发现，章鱼的近亲——乌贼（拉丁学名：*Sepia officinalis*），其皮肤的基因序列一般只在视网膜上显现。

我们人类必须要非常灵活地调整自己的思维，才能去揣摩未知生物的思想。海洋生物学家詹姆斯·伍德认为，人类的傲慢自大阻碍了我们进行正确的思考。他猜想，章鱼会提出这样的问题来衡量我们人类的智商："你们人类的胳膊断掉以后，一秒钟能变换多少颜色呢？"而在得知答案后，奥克塔维娅和她的同类会得出合理的结论：人类是愚蠢的——非常愚蠢，蠢得她都可以在我们眼皮底下偷走一桶鱼。

章鱼的这种想法对我们来说当然是一种侮辱，但反过来说，我们对章鱼的评价难道不也是这样？公元三世纪初，罗马博物学家——克劳狄俄斯·埃利安在他的作品中提到了章鱼："恶作剧和艺术性显然是这个生物的特点。"也许奥克塔维娅正是认为我们人类的智力不高，才故意拿走装着鱼的桶，好将我们愚弄一番。

接下来的秋天和冬天，每当我去拜访奥克塔维娅，她都会浮到水面，游过来看我，用她的吸盘触碰我，盯着我的脸。有时我会带朋友来水族馆。不仅是因为我渴望与别人分享这段经历，也是想看看奥克塔维娅对其他人的反应。她曾见过我的朋友乔尔·格里克，他不吸烟，曾在卢旺达研究山地大猩猩，不久之后要去波多黎各研究一群进口猕猴。奥克塔维娅热情地拥抱了乔尔。

十二月的一天，我带着凯利·敦豪斯来到水族馆。她是一名高三学生，同时也是一位很有潜力的作家。我们以前从没见过，不过她读过我的一些书，这次前来是为了跟着我实习，完成学校的一个项目。在开车前往波士顿的途中，我告诉凯利我有点担心，因为这周我刚烫了头发。我怕奥克塔维娅会尝出我血液和皮肤里的化学产品，因此不愿和我互动。

但是与之相反，奥克塔维娅朝我直冲过来，迅速用吸盘吸住我的手臂。斯科特只好用力把吸盘从我皮肤上剥离。几分钟后，奥克塔维娅似乎冷静了下来，于是我们让凯利来摸一摸她。奥克塔维娅用一条腕足上的吸盘试着尝了尝凯利的味道，然后——

嘣！我卷起一半的衬衫袖子和裤子的上半部分瞬间湿透了。我看向凯利，只见水从她深棕色的刘海和眼镜上滴下来，流到了鼻子上。

奥克塔维娅喷了凯利一脸水。

凯利全身是水，毛衣都湿透了。不过虽然她被章鱼喷了一身水，冷得要死，还要走三个街区的路才能回到我车上，但她仍然满面笑容。后来她写电子邮件告诉我，那天的感觉“酷毙了”。

为什么奥克塔维娅会向凯利喷水呢？众所周知，章鱼会用他们的虹吸管来驱赶自己不喜欢的东西。他们会向洞穴前面喷射水柱，将食物残渣冲开；他们还会通过喷水这种方式来表达不满。在20世纪50年代，实验员曾用一只普通的章鱼进行过一项教学实验。实验员希望他能推开一个杠杆来取得食物，但是他似乎非常不喜欢这个杠杆，所以每当实验员一靠近他，他就会向实验员喷水。（这只章鱼最后还将他嫌弃的杠杆推出了水族箱。）

但是他们喷水还有另外一个原因：为了好玩。

我有这样的判断，是来自我撰写一篇文章之后所得的反馈。我曾经写文章记录一位新英格兰水族馆的志愿者经常被杜鲁门喷水的情形，那位志愿者读了以后告诉我，她很喜欢我的文章，但是希望我知道，杜鲁门向她喷水并不是因为讨厌她。她说他俩是老朋友，她很珍惜与那只章鱼一起度过的时光。我能理解这份友谊对她的重要性。

我想，也许杜鲁门向她喷水只是想要逗一下她，就像小男孩爱扯小女孩的马尾辫，或是像孩子们在游泳池里互相泼水一样。

接下来，我遇见了詹妮弗·马瑟和罗兰·安德森。

詹妮弗是加拿大莱斯布里奇大学的心理学家，在关于章鱼智力的研究中，她处于世界领先地位。罗兰是西雅图水族馆的生物学家，和詹妮弗一样，也是章鱼智力方面的优秀研究者。他们有时各自研究，有时一起合作。他们系统地研究了章鱼的智力，解决问题的能力以及个性。他们甚至发展了一套性格测试方案，通过十九种不同的行为特征来对章鱼的个性进行定义，从“害羞”到“鲁莽”。

在一次测试章鱼喜好的实验中，罗兰获得了团队中最重大的发现。他是个整洁、纤瘦的男人，留着整齐的银白色小胡子。在西雅图水族馆保护区，有8只章鱼被分别安置在几个1米×0.6米×0.6米的水族箱里。人们向他们提供了空的强效泰诺药瓶。（罗兰发现，章鱼可以打开专门用于防止儿童开启的瓶盖，至今还有很多博士对此感到困惑。）

“有的瓶子被漆成白色，有的被漆成黑色，另外还有一些环氧漆被洒上了沙子，这样做是为了研究他们喜欢暗色还是亮色，光滑还是粗糙。”罗兰告诉我：“这些瓶子里装了石头来增加重量，基本浮不起来。我们第一天给章鱼喂食，第二天测试。章鱼会将每种不同的颜色和纹理保持多久呢？我会观察他们的一举一动。”

一些章鱼抓着瓶子，对它进行探究，然后丢掉。另一些章鱼用一两个吸盘黏住瓶子，伸开腕足拿得远远的，好像在检查着什么可疑物一样。只有两只章鱼的行为与众不同：他们用一种罗兰从来没有见过的方式朝瓶子喷水。罗兰解释说：“她们没有用力喷射，就像朝她们讨厌的研究员喷水那样，而是小心地调整着喷水的方向和力度，让瓶子在水族箱里不停绕着圈子浮浮沉沉——她已经重复这个动作十六次了！”到了第十八次的时候，罗兰迫不及待地打电话告诉詹妮弗：“她是把瓶子当成球，正在拍球呢！”

在这项研究中表现与众不同的另一只章鱼此后也以类似的方式喷水，不过不是让瓶子转圈，而是让它在水面上前后移动。两只章鱼都用虹吸管——原本用于呼吸和移动的器官——来玩耍。罗兰把这项研究发表在《比较心理学》杂志上。他告诉我：“她们的行为符合‘玩耍’的所有标准。”他还强调：“只有高智商动物才会玩耍，比如狗和人类，乌鸦和鹦鹉等鸟类，以及猴子和黑猩猩等灵长类动物。”

奥克塔维娅朝凯利喷水，也许就是在和她玩耍。杜鲁门经常朝那位年轻的志愿者喷水，或许也是跟她闹着玩。詹妮弗曾经在夏威夷看到过一只霞水母章鱼（Pacific day octopus）朝盘旋在他头顶的蝴蝶喷水，蝴蝶吓了一跳，赶快飞走。也许这只章鱼是被蝴蝶的影子惹恼了，也可能只是出于好玩，就像小孩子喜欢追赶广场地面上的鸽子，然后看着他们四散飞开一样。

我和比尔一起去西雅图水族馆，参加了该处举办的章鱼专题研讨会，并在那里遇到了詹妮弗和罗兰。研讨会取得了圆满成功，据说主办方已经开始筹划举办第二届。

在西雅图水族馆楼上的一间大会议室里，六十五位喜爱章鱼的人们齐聚一堂。他们来自至少五个国家，从享誉国际的专家学者，到本地的业余爱好者。专家们进行了十场报告，主题围绕着他们最爱的动物——章鱼。

罗兰讲完之后便轮到詹妮弗，她在演讲中问了观众这样一个问题：“在座各位当中，有多少人饲养章鱼？”大约有五十人举起了手。她又问道："你们养的章鱼有自己的个性吗？"众人齐声回答："有！"那整齐划一的情景就像是镇民大会表决时获得了全票通过。

在西雅图的第一晚，我和比尔同詹妮弗一起吃饭。詹妮弗是位重量级人物，她白发苍苍，面色红润，戴着教授常戴的厚眼镜，脸上不时浮现出一丝微笑。和我们共进晚餐的还有其他专家：阿拉斯加太平洋大学的教授兼研究员大卫·谢尔，美国西北大学的进化生物学家盖理·加尔布雷特以及大卫的学生丽贝卡·图森特。

第二天，丽贝卡宣布了她的一个重大发现：基因检测表明，在阿拉斯加州海域，至少存在两个特殊品种的太平洋巨型章鱼，并且在别处可能也有这类章鱼。詹妮弗指出，太平洋巨型章鱼可能就是章鱼的"原型"，是原始章鱼，也是超级章鱼，是每个去过当地水族馆的孩子都认识的章鱼。然而事实上，这两个特殊品种的章鱼也说明，对这些魅力十足、神秘莫测的动物，科学家们的了解仍然非常之少。

章鱼专家们喜欢讨论他们在海洋里看到的一些可怕的东西。詹妮弗告诉我们，她在博内尔岛遇到过一种会蜇人的透明水蝗虫，她说："你根本看不见也猜不到他们到底在哪儿。"丽贝卡记得有一次，一条火珊瑚虫从她的手肘上迅速划过。她告诉我们："刚开始一点儿也不疼，但等我离开水面的时候，我疼得都快要死了！"

他们还给我们讲了章鱼保罗的事情。这只章鱼来自德国的奥博豪森海洋生物中心，在2010年世界杯期间，他曾连续七次准确地预测出了胜利队伍。在比赛前，相关人员会放两个玻璃缸在保罗面前，里面各装着一枚贝壳，贝壳上面分别贴着即将对决的两个队伍的国旗。保罗是如何做出选择的呢？他又是如何成功预测的呢？我们考虑了各种可能性，比如他是根据旗子的美学特征来选的，哪个更漂亮就选哪个；或者是他真的知道哪个队伍会赢。

那天晚上，詹妮弗和大卫还计划进行一次实地考察，以探索霞水母章鱼的食物偏好和性格。他们说，我也能跟着一起去。

章鱼研讨会结束后，我又去看了奥克塔维娅。她温柔地紧抓着我，这动作持续了一小时十五分钟。我轻抚着她的头部、腕足、腕间膜，全神贯注地看着她，而她似乎也在关注着我。

显然，我们都需要彼此的陪伴，就像一对渴望重逢的老友。我们不断地触摸或品尝对方，仿佛在共同复述一句咒语：“是你！是你！真的是你！”

最后还是比尔和斯科特让我放开奥克塔维娅，好让他们盖上盖子，然后去吃午饭。尽管手都冻僵了，但我一点儿也不想离开——尤其当我马上就要去巡回促销新书，接下来两个月都将看不到奥克塔维娅的时候。

尽管我经常四处旅行，但是这一次，我发现旅途异常艰难——在常有的乡愁之上，更增添了与一只章鱼分别的痛苦。

结束旅程回来，我第一时间给比尔发了封邮件，问他我什么时候能去水族馆。比尔热情地回复了我，同时也带来了一条令人担忧的消息：

“奥克塔维娅正在衰老，所以最近有点喜怒无常。但愿她还有精力和我们打招呼……”

衰老？我感到很难过。那么她会不会像雅典娜一样——那么快，那么突然地离开呢？

詹妮弗曾提醒我：“章鱼活到一定时候，就会开始衰老。我不愿意用‘痴呆’这个词来形容她，因为这是人才会得的病，而且和精神疾病有关。并不是每个长寿的人都会得这种病，它不是自然而然的，也并非不可避免。但是每一只长寿的章鱼却似乎都会出现老化的现象。”

亚莉克莎曾在明德学院见过章鱼衰老时的模样。她说：“他们都瞪大了眼睛，在水族箱里一圈一圈地游着。他们不会和你对视，也不再捕捉猎物。”实验室里曾有一只年迈的章鱼爬出水族箱，挤进了墙上的一条裂缝中，身体里的水分慢慢干涸，最终死去。

当太平洋巨型章鱼这样的大块头章鱼开始衰老时，会发生更加让人吃惊的事情。有一次，在不列颠哥伦比亚省维多利亚市的太平洋海底花园，表演潜水员——詹姆斯·科斯格罗夫在众目睽睽之下遭到一只大型雄性章鱼的袭击。这是一个浮动的水族馆，当游客下降到海平面3.3米以下后，潜水员就会将有趣的动物带到窗口向游客展示。这位潜水员在入口的阶梯旁发现了一个洞穴似的入口，他以为有两只章鱼在里面，但直到章鱼的腕足爬上了他的面具，露出巨大的吸盘，他才知道里面只有一只体形极为庞大的章鱼，然后就被抓住了。

他在《超级吸盘》中写道：“章鱼拖拽着我，就像拖着一袋土豆。此时我能做的只是把双手放在（为潜水员提供氧气的）调节器上。有那么一瞬间，我甚至看见他的腕足从展示窗一直伸到了外面的屏幕上——那段距离可有将近7米。” 几周后，这只重达70千克的章鱼死了。科斯格罗夫认为，那只章鱼死前已经精神失常。

在斯科特和比尔的印象中，水族馆里的章鱼在衰老的过程中并不会变得暴躁好斗。第二天，当我和比尔在水族馆的大厅碰面时，他告诉我老化的章鱼通常只会变得迟钝呆滞，而奥克塔维娅身上正逐渐显现出这些特征。

比尔说：“三个星期之前，她的行为开始异常。你知道，她通常都待在水族箱最上面的角落里，但现在她喜欢待在水族箱底部，或者是光线亮一些的展示窗旁边。她还是会吃东西，只不过接过食物以后会先拖到自己的小角落里面去吃。有时候她甚至不露面，只是伸出一条腕足来取食物。到了早上，她似乎就会变得很白。她以前可是只通红的章鱼啊，现在她的皮肤却开始褪色，变得暗淡了。”

这一定让比尔很痛苦。“她以前是一只友好又好动的章鱼。”比尔说着，仿佛已经开始哀悼她的离世。

在奥克塔维娅的衰老期来临之前，几名联邦特工曾送来一条龙鱼——那是在非法进口后被他们收缴的。这种鱼的身体又长又厚，银白色，呈缎带状，在亚洲的水族馆里随处可见，通常被视为吉祥物。为表感谢，斯科特邀请特工与奥克塔维娅互动。奥克塔维娅对其中一位特工特别感兴趣，她将腕足全部缠绕在他身上，接着开始拉他。

斯科特说：“他当时的表情看起来好像有点害怕。”然后他突然想起，这些家伙大部分随身带着枪。奥克塔维娅应该是想要抓到他的手枪，她一定很好奇这个新鲜玩意儿。

斯科特赶快把特工从奥克塔维娅那里拉回来。“你确定你的枪拉上了保险吗？我们可不希望看到这样的新闻标题——章鱼开枪击中特工脚部。”

在那之后不久，奥克塔维娅似乎失去了跟人互动的兴趣。我非常渴望见到她，但又害怕遭到她的拒绝。

我当然已经见过自己所爱的人陷入这样的困境——我有一位朋友曾经是猎人，现在是一名博物学者。他曾患过中风，说话总是喋喋不休，不清不楚的。他会兴奋地发表自己的看法，却不知道其实从头到尾，都没有人听懂他是在说什么。奇怪的是，有一次我和丈夫去医院看望他，他突然用英语清晰地说了一句："那头鹿，一头雄鹿，我逃跑的时候抛弃了他。"

我那位朋友莉兹的母亲叫洛娜，她年轻时是一名芭蕾舞演员，后来开始研究人类学。她活到了将近104岁。在100岁那年，她由哈佛出版社出版了自己的第一本书，两年后她102岁了，开始记不起身边人的名字。在她103岁时，她突然记不得我的名字，但仍然知道我对她来说很重要。每一次见面，她仍会真诚而热情地欢迎我。

我也在自家养的第一只边境牧羊犬身上见过类似的情况。那年她16岁，一天夜里，她不停地号叫，把我和丈夫都弄醒了。她看起来很害怕，就好像不知道自己在哪里，不知道我们是谁。我同她一起躺在地板上，轻抚她，亲吻她，直到她棕色的眼睛又有了神采，仿佛她的灵魂经过一次旅途终于又回到了她的身体。

上述例子中的这些人都曾短暂地丧失心智。他们的自我意识当时是否也消失了呢？那么当时他们又是谁呢？

对于一只正在衰老的章鱼，比如奥克塔维娅来说，在生命的这个阶段，她那多线程的思维会有什么样的感受呢？

当我们朝奥克塔维娅的水族箱走去时，比尔说："我希望她能产卵。这意味着她可以再活六个月。"尽管她的心智已经开始衰弱，我们仍然希望奥克塔维娅可以和我们在一起。这就好像我希望我的人类朋友，或者我的狗能活得再久一点——即使当他们的灵魂似乎已经开始散碎剥落。

"看完奥克塔维娅后，我要给你一个惊喜。"似乎是为了让我们两个都振作一些，比尔做了一个承诺。

比尔打开水族箱，用长抓钩递给奥克塔维娅一条小虾。她伸出一条腕足，把虾吸住，然后伸过来另一条腕足，接着整个身体一起靠了过来。看得出来，她比原来更苍白了。她虚弱地用她的大吸盘吸着我伸出的手。随后，比尔又给了她一条毛鳞鱼。水族箱里的那只海星感知到食物，靠了过来。奥克塔维娅一边用四条腕足尝着我的双手，一边把毛鳞鱼放进嘴里。

比尔指着她第二条和第三条腕足之间的腕间膜，那里有一块两厘米大小，苍白的月牙形腐肉——不仅苍白，而且已经坏死了。她的皮肤已经不像从前那么湿润健康，也似乎不再与海水浑然一体。它更像是一张泡烂了的纸巾，一不小心就会破散开来。她看上去正在慢慢地瓦解，一点一点地离开这个世界。

我抬起头，看到威尔逊正从冷水区的走廊下来。我非常高兴能见到他，因为已经有五个月没有见过他了，上次见面还在去年十二月——那个月份对于威尔逊和斯科特来说，都是一段难熬的日子。

去年十二月，斯科特失去了他最爱的动物。那是一条他从小养到大，相伴多年的龙鱼。他的一条电鳗要对此负责。当时在非展览区，为了清理龙鱼所在的水族箱，斯科特把他转移到了一个临时水族箱里。但是，那条电鳗却从隔壁的水族箱里跳了过来，电死了他心爱的龙鱼和一只珍贵的澳大利亚肺鱼。就在那个月，威尔逊的背部也做了个大手术。

威尔逊术后刚刚恢复，他的妻子——一位杰出、富有幽默感的社会工作者——又患上了神经性疾病。这种疾病逐渐侵蚀她的肉体和精神，医生却对此束手无策，甚至无法进行解释。

自从去年十二月以来，威尔逊只来过水族馆两次。五月的一天，他特地从马萨诸塞州列克星敦的家里出发，赶来看我。一见面，他就满脸笑容地给了我一个拥抱。

我本来以为，威尔逊的到来就是比尔给我的惊喜。然而这还不是。

威尔逊对我说："说起来，新来了一只章鱼小宝贝。你去看了没有？"

Octavia

◇ ◆ ◇

迦梨[①]

来自海洋的情谊

① 迦梨（Kali）原为梵语，是印度教中的一位女神。——译者注

众所周知，章鱼总是在人类意想不到的地方现身。有一次在一艘失事船只上，一只太平洋巨型章鱼在一条工装裤里暂住了下来。当一名潜水员看到那条工装裤立起来的时候，被吓了个半死。章鱼甚至会出现在较大的海螺壳中，或是科学家们的微型海洋测量仪里。红色章鱼最喜欢藏身在粗短的棕色啤酒瓶中。

尽管如此，我也从没想过，比尔的新章鱼竟会待在水池的咸水桶里。

之前去看奥克塔维娅时，我都要经过那个水池，那里通常集满了再循环海水，可我从未留意过这个咸水桶。它的容积约200升，螺纹口上盖有细密的筛网，侧面则钻有数百个孔，每个孔的直径约一厘米，水池里的水可以通过这些孔自由流动。

比尔觉得，水族馆里能防止这么小的太平洋巨型章鱼钻出来的，也只有这个水族箱了。她的头部和套膜加起来只有一个小西柚那么大。

透过水池里的水，我看到了这只新章鱼腕足上黑色的足尖，它们犹如牙科器械般精致，正摸索着探出咸水桶上的孔洞。她伸出15厘米长的腕足，像挤牙膏似地将腕足挤进了三个孔里。当初正是因为担心这一点，每个孔的直径才设计为一厘米。这些孔是威尔逊钻的。他说："直径要是有两厘米的话，她就会跑出去了。"

就在两天前，比尔鉴定出了她的性别。你可以通过观察章鱼右边第三条腕足的足尖，来判断他们的性别——如果这条腕足上的吸盘一直排布到足尖，就是雌性。否则，章鱼就是雄性，而这条腕足就称为交接腕（ligula）。通常情况下，章鱼不会让你检查这条腕足，尤其是雄性，所以鉴定性别需要花费一些时间。他们会把交接腕的尖端卷起来以起到保护作用，因为这是用来将精囊放入雌体的生殖器官。（他并不会把它放到她的两“腿”，或者说两条腕足之间，因为那里是她的喙。他将它放入雌体的外套膜内——或者按照亚里士多德的说法：他的“某一条触手上生有阳物，可以进入雌体的鼻孔”。）

比尔承认，起初他对这只新章鱼的性别有点沮丧。他一直期盼着有个章鱼小伙子。他解释说：“雌性章鱼有时太闹腾了，雄性相对安静一些。”此外，雄性也更好取名字：“弗兰克、史蒂文、史蒂夫——给雄性章鱼取这些名字都挺有趣的。给雌性章鱼起名就要难一点。”他曾为他的第一只章鱼取名为格温娜维尔，因为当时他正在看电影《亚瑟王》，格温娜维尔是影片中亚瑟王的王后。

不过，这只雌性小章鱼已经赢得了比尔的欢心。一周前她还野性十足，可现在比尔一旋开盖子，她就会冒出水面，用有着狭长瞳孔的清澈眼睛好奇地看着我们仨。

我惊呼道：“好可爱的小家伙！”

“她真漂亮。”威尔逊也这样觉得。

“我们都喜欢她。”比尔微笑着说，眼角泛起了笑纹。

比起奥克塔维娅和雅典娜，这只章鱼显得小巧玲珑。她刚来的时候只有奥克塔维娅一半大小；尽管章鱼的年龄是不可能确定的（成长速率取决于包括水温在内的很多因素），但据比尔估计，她还不满九个月。她的腕足还不到45厘米长。也许有一天我能搞清楚她身体的精确尺寸。

最初，她的皮肤呈深巧克力色，只在头部有一个浅色的斑块。在她看着我们的时候，身体就变成了杂有米黄色斑点的浅棕色。浅色的条纹从她的眼睛一直延伸到鼻子的位置，就像猎豹脸上的“泪纹”——如果她有鼻子的话。

关于章鱼变色的说法有很多。当然了，章鱼会改变自身颜色与周围环境融为一体；他也会变形（好让自己看起来不那么美味，或者看起来比较可怕）。但是，其他的变化和他的情绪紧密相关。至今也没人完全搞清每种颜色所代表的意义。其中一小部分已经为人类所知：如果一只太平洋巨型章鱼变成了红色，就代表他很兴奋；变成白色则表示他很放松。一只章鱼要是感到困惑的话，他的皮肤会快速地呈现出好几种颜色，就好比我们在努力解决问题的时候，会咬住嘴唇，皱着眉头。一只紧张的章鱼会精心伪装他的头部，特别是眼睛。他会呈现出各种各样的斑点、条纹和曲线来迷惑捕猎者。蓝环章鱼是生活在澳大利亚附近海域的一种小型剧毒生物，就如他的名字所显示的那样，当他受到威胁时，全身会闪现出许多铁蓝色环形小圈。

章鱼的另一种伪装可以称为眼杆术（eyebar display），伪装时会呈现出浓重的黑色线条，从两个狭长瞳孔的末端一直延伸到眼睛的外围，让人误以为那就是他们眼睛的轮廓。詹妮弗和罗兰在几次试验后发现，章鱼具有对人类个体的识别能力。当章鱼看到一个经常拿着带刺的棍子戳他们的人靠近时，他们会立即使用眼杆术来伪装自己。反之，如果是一个经常喂食他们的人靠近时，就不会出现这种情况。

但是不管这只新章鱼的颜色如何变化，她头上的浅色斑块始终没变。比尔说他从没见这个斑点消失过。可算是找到她身上一处不会变的地方了！

这个浅色斑块让比尔联想到了眉心上的红点。在印度，女性用它来装饰前额。比尔因此给她取名为迦梨。迦梨是印度文化中一个皮肤黝黑，三头六臂的女神，她有着创造和毁灭两种能力。印度教的众神时刻变化着自己的形态，这一点正和章鱼相同。当迦梨幻化成帕拉克提，也就是梵文中的自然之母时，便会在意识领域里纵情起舞，而这意识领域正被描画为她丈夫湿婆神仰卧的样子。[①] 在其他一些相关画作中，她戴着一个由头骨串成的花环。

我们这只小章鱼活泼开朗，却又拥有惊人的力量和潜在的破坏倾向。迦梨这个名字很适合她。

我和威尔逊分别向她伸出一根手指，接着伸出整只手。她探出两条腕足，用吸盘温柔地吸附着我们。

威尔逊说："她在向我们表示友好。"

比尔说："是呀，她会成为一只不错的章鱼。"

◇ ◆ ◇

迦梨来得正是时候。我一直在寻求一只属于我自己的章鱼，以便更好地了解这种动物。

我经常上网，关注头足类动物论坛，比如TONMO.com（一份关于章鱼的在线新闻杂志）。我非常喜欢看饲养章鱼的人们发布的视频。有些宠物章鱼拥有极强的互动能力。有人曾发过一段章鱼跳跃的视频，其中有一只加利福尼亚双斑蛸用后足在水族箱沙质的底部走来走去，并在水族箱前面大幅挥动着腕足，以这样的方式探寻世界，像极了一个渴望知识的学生正期待老师给予他关注。章鱼的主人写道，章鱼经常用这种方式来吸引他

① 据印度教神话，迦梨是湿婆神之妻，女神帕尔瓦蒂的化身之一。她曾战胜一个强大的恶魔，胜利以后在狂乱和兴奋中纵情舞蹈，践踏大地，令三界众生的生活受到影响。湿婆神为减轻众生的苦痛，自愿躺在迦梨的脚下任她践踏。印度教艺术作品中常常描绘这一情景。——译者注

一同玩耍。

后来我又读到一篇文章，讲述一只宠物章鱼如何用另一种方式来吸引人们注意。那只章鱼所在的水族箱内外壁上各附着一块磁铁，外面的那块用来挂清洁工具。当屋里没人的时候，章鱼就会拔下吸在水族箱里的那块磁铁，让水族箱外的磁铁砸到地上，发出巨大的声响，好把人们吸引过来。这就像主人摇铃召唤男仆一样。

头足类动物饲养员南希·金发现，当她丢活螃蟹喂她的双斑蛸——奥莉的时候，奥莉并不总能找到螃蟹落下的位置。于是南希开始用食指在水族箱外引导她，给她指猎物所在的地方。奥莉很快就明白了手指的意思。（这是一项特殊技能。除了人以外，狗也是极少数可以这样做的动物之一，狗的直系祖先狼却不行。）南希高兴地写道："奥莉和南希就是这样一起捉螃蟹的。"

据很多家里养章鱼的人反映，章鱼好像很喜欢跟他们一起看电视。他们特别喜欢看充满了动作，或者色彩丰富的节目，比如体育节目和动画片。南希·金和科林·邓洛普甚至在他们一起编写的权威著作《头足类动物：家养章鱼和乌贼》中建议，最好把水族箱和电视放在同一个房间，这样章鱼就能和主人一起看电视了。

但是我丈夫对在家里养章鱼的想法并不热心。在我们将近三十年的婚姻生活中，他成功地阻止了我（到目前为止）饲养蛇、鬣蜥蜴和狼蛛——也打消了我在学习驯鹰术时要养一只红尾鹰的念头。然而，他没有阻止我收养别人弃养的鹦鹉，甚至还给我买了一只刚出生的澳洲鹦鹉，我们俩都喜欢得不得了。我们也在书房里收养了房东家的猫，救治了两只柯利牧羊犬，还养了一些雏鸡。他们就栖息在我头上，睡在我的毛衣里。我们还带回了一只生病的小猪（他14岁了，长到了340千克）。

我丈夫很喜欢这些动物们，但每当我连续好几周甚至好几个月消失，钻在丛林里面做调查，他就开始失去了耐心。因为当他独自照料小动物们时，后者总是到处乱跑，互相厮杀，毁坏围栏，乱滚一气，或者在床上呕吐。——现在还要养章鱼？！

当我向他提及此事，他回答说：“告诉我这只是一场噩梦。”

光购买装备、食物和章鱼本身，就会花去数千美元——除此之外还有后勤问题。就算是一只小小的加勒比海礁章鱼（Caribbean reef octopus），也需要一个容积约380升的水族箱，它起码得有450千克重，几乎是一头麋鹿的重量。我们这所150年历史的农舍地板怕是要被压塌了。此外，我们的老屋里没有足够的电源插座，而一个好的海水水族箱需要好几个插座来运行复杂的生命保障系统：三种滤波器，一个通风装置，还有一个用来将水温保持在25℃到28℃之间的加热器（那是一只热带小章鱼生存所需的温度）。

在我们这一带，有时会供电不足。停电是常有的事，有时只有几分钟，有时一停就是好几天（2008年12月份，在一场冰风暴过后，我们整整一个星期都没用上电），如果滤波器和加热器无法运行，哪怕只是一会儿的工夫，水族箱和里面的生物就完了——重要原因之一是章鱼会由于受惊而喷出墨汁，而墨汁里的毒素会扩散到水中，伤害到章鱼自己。

这样一来，为章鱼提供合适的水与食物便成了问题。天然海水中含有七十多种元素，因此为章鱼提供的水必须含有定量化学成分，才适合章鱼生存。例如，超量一丁点的铜元素就能导致章鱼死亡。一只成年章鱼可以食用死的、冷冻的食品，但我想养的是年轻的小型品种章鱼，由于其寿命比太平洋巨型章鱼短，必须为之提供鲜活的食物。我家离大海有两个半小时的路程，所以还要自己为章鱼宝宝养殖食物，比如说糠虾类和端足类动物——后者又需要单独的水族箱来养殖。

最后，如果我出差在外（那个夏天我确实已有安排，要前往纳米比亚进行学术之旅），我的丈夫就得承担起危险的任务：照料这只脆弱的章鱼。实际上，如果我动身去了纳米比亚，我丈夫还要照顾我们的边境牧羊犬。自从她做了尾部手术之后，总是想要挣脱项圈，咬掉尾巴上的缝线。

尽管在家里养只章鱼是件很棒的事情，但最后我还是觉得，这无论对章鱼本身，还是对我的婚姻都是一种威胁。另外，即使需要长途驾车，我还是挺喜欢去水族馆的。在那里，我会与许多专业人士为伍，他们的观察评论可以帮助我增长见识——说到这里，我愈发地想念他们了。

我打算从纳米比亚回来以后，就经常去波士顿看看迦梨的成长状况。威尔逊贴心地调整了他的日程安排，以便与我保持一致。

在我从非洲回来后的那一周，我们就开始了“奇妙星期三”，把每周的这一天都用来观察章鱼。这令我受益良多：它不仅使我和迦梨的联系更为密切，也使我与那些像我一样喜爱迦梨的人们建立了深厚的友谊。他们在我人生中的重要性与日俱增。

◇◆◇

当我再次见到迦梨的时候，一些职员和志愿者们已经围在了水池旁，就像聚在办公室的咖啡机边一样。不同的是，他们并没有喝上一杯热饮，而是把手伸进寒冷刺骨的咸水里，随意地挥动着，想要和章鱼握握手。

迦梨从穴孔里探出腕足，我敢说她就是在专门等着和人类握手。才过了两周时间，她就又长大了一圈，更加强壮有力，好奇心也愈发强烈。

“她觉得很无聊。”威尔逊说着，一边旋开了桶盖。

迦梨这时已经浮上了水面，等候着我们。她伸出腕足，品尝起威尔逊的手臂来。威尔逊说：“更正一下，她刚才是很无聊，但现在可起劲了！”

我们向迦梨伸出手和胳膊，她迫不及待地用吸盘紧紧吸住了我们。通过那强劲的吸力，你能体会到她兴致勃勃的心情，仿佛她正在使用一套章鱼特有的盲字系统，如饥似渴地对我们进行解读。她不光想看到我们，还想尝尝滋味。她用腕足把我们的胳膊提起来，从水下探出脑袋和眼睛，盯着我们看。

无论她的身体处于什么样的姿态，她那两只狭长的瞳孔都能保持处于水平位置。这是因为她体内有一种叫作“平衡囊（statocysts）”的神经末梢，可以帮助瞳孔保持平衡。这些囊状结构上面有一排排感觉毛，里面装着微小的矿化球，后者会根据动作和重力而移动。然而这些始终保持水平的瞳孔也会扩展到惊人的宽度。你也许会误认为，她的瞳孔会在强光下变窄，但事实上，它们此时却会扩张，就像人类心情激动或是坠入爱河时那样。

威尔逊递给她一条鱼——但她却把它从嘴边推开了。这让我感到惊讶不已，毕竟她年纪还小，正处在高速发育的时期。显然，她对于互动的兴趣盖过了食物对她的诱惑。迦梨想要攀上我们的手臂。她强健的腕足尖端泛着润泽的水光，盘在我的前臂和手肘上，触碰着我衬衫袖子的棉质纤维。我们轻柔地拨开她的吸盘，把她送回到水里。但她马上又抓住了我们。

几分钟后，威尔逊结束了这次互动，因为不想给她过多的刺激。他说：“她还是个小朋友呢，让她休息会儿吧。”

比尔近来一直在照料鸡毛掸子蠕虫（他们因头上一簇簇美丽的枝状触角而得名）。他告诉我们，迦梨颇受国际游客的喜爱。就在不久前，水族馆接待了一批来自北京海洋馆的工作人员。能有机会抚摸章鱼使他们非常意外，但更令他们诧异的是，迦梨竟然如此友好。“他们一直都以为章鱼很危险。”比尔说。

比尔注意到，人们普遍会对海洋生物产生一种毫无理由的恐惧。的确，比尔照料的许多生物都会分泌毒液，或是长着锋利的牙齿和有毒的体刺，但比尔告诉我们，他手臂上所有的伤疤其实都来自管子、玻璃和工具。他笑着说：“跟任何一只我照顾的动物比起来，一把螺丝刀倒更容易让我流血。没错，章鱼会咬人，也会搞点破坏。但是人们对他们的恐惧有点过头了。”

新英格兰水族馆拥有四十年的历史，但直到最近，才有人敢于和章鱼互动。威尔逊告诉我：“十五年前，没有人敢接近章鱼。”

波士顿的水族馆是国内最早一批为动物们提供仿真自然环境的场馆。这是一个有创见的改变——它不仅使展览更具有科普意义，还能为里面的动物们增添很多乐趣。这一真实反映自然的举措似乎阻碍了人们同鱼类、爬行动物和无脊椎动物的互动，只有海豹和海狮是例外。（当然还有那只名叫莫特尔的绿海龟，她可受不了冷落。）

午饭时，威尔逊和斯科特对我谈起了这里的转变——一场悄无声息的变革正在动物园和水族馆中展开，并深深影响了人类和他们照料的奇异动物之间的关系。

威尔逊回忆说：“那是从玛莉安开始的，玛莉安很了不起。”

“你是说水蟒之友玛莉安，还是玛莉安·鱼？”斯科特问。

最先来到这里的是玛莉安·鱼。她虽然姓“鱼（Fish）”，但其实是人类。她曾是一名外科创伤护士，工作26年后退休离职。1998年，她开始在每周三做志愿服务，并且渐渐熟悉了每一个自己照料的动物。她给每条鱼都取了名字，还能精确地读懂这些动物的心思。

威尔逊回忆说：“有一天，我和她坐在这儿观察章鱼，然后玛莉安说：‘你知道吗，我们得给章鱼找点事情做。’”她的意思是，可以为水族馆里的动物提供身体和精神上的刺激，从而丰富其生活。在当时，这样的想法即使对于猩猩和老虎也相当新颖，对鱼类和无脊椎动物更是史无前例。水族馆里没有让饲养员和动物直接接触的计划。

“那时候，大家都很害怕和章鱼接触，因为怕伤害到他们，”威尔逊告诉我，“但是后来我们说，管他的！不能老让章鱼觉得无聊呀。然后我们就开始和他们一起玩耍。”

不久后，玛莉安和威尔逊便经常打开水族箱，抚摸章鱼，让章鱼环绕在他们的胳膊上。章鱼对这种互动显然很感兴趣，也许还盼望着再来一次。

威尔逊说：“我们会顺手拿点东西给他们玩，什么都行，管子啦，其他什么东西啦。后来的一切都是从那时候开始的。接下来，我给章鱼做了连环魔方（locking cubes）。”

2003年，在一次心脏病发作后，玛莉安·鱼离开了水族馆，斯科特和威尔逊从此和她失去了联系。但是在2007年，另一个名叫玛莉安的人来到了水族馆。她是一名年轻女性，全名叫作玛莉安·布里特，同样带来了深刻的改变。她进一步向大家证明，饲养员和其照料的动物之间，如果进行妙趣横生、温和友爱的互动，将会发挥怎样的积极作用。她的具体做法是，直接与水族馆里最凶猛可怕的动物——那些长约4米、重约135千克的水蟒（anaconda）——进行接触。

“在玛莉安来之前，”威尔逊说，“没有人敢进到水蟒所在的水族箱里面。”我心想，这再正常不过了。作为南美的顶级捕猎者，水蟒可以很轻松地捕杀成年的鹿以及重达 60千克的水豚。根据记录，他们还会吃掉美洲豹。

我曾通过一次偶然的机会见到杰西·里瓦斯，他是一位研究水蟒的著名生物学家。据他记录，这种凶猛的巨蛇曾经两次在野外袭击过他的助手。他声称，对于这些可以长到约9米长的水蟒来说，人类“会毫无疑问地从猎手变成猎物”。水蟒并不经常攻击人类，但其唯一原因在于，除了里瓦斯和他的野外探险队，人类不会冒险闯入水蟒的领地。

但玛莉安偏偏敢于冒险。2007年，24岁的她刚刚进入斯科特展馆的水族馆实习，当时那里有三条水蟒，接触他们对任何人来说都很危险。“每次需要转移他们的时候，”斯科特说，“我们就得从后面捏住他们的头。他们很讨厌我们这样做。”而只要玛莉安一停下手头的工作，两条较大的水蟒——凯思琳和艾希莉——就会滑行到她跟前，盘起身子，把头伏在她的膝盖上。

多亏了玛莉安，现在每当需要把水蟒从水族箱里转移出来（不论是要送他们去兽医那里体检、治病，还是需要给水族箱换水的时候），我们再也不用捏住他们的头，造成他们受伤了。工作人员也不再担心与他们接触。

显然，水蟒们也比之前更加快乐和健康。证据是：两条雌水蟒（第三条较小，名叫奥林奇，后来鉴别为雄性）生了宝宝，这在波士顿的水族馆或者动物园里尚属首次。柔软的卵在母蛇体内孵化，而当凯思琳生产她的17只小宝宝时，玛莉安就身着潜水服陪在一边。在两条水蟒妈妈的宝宝们还在婴儿期时，玛莉安负责全权照顾她们。两条名叫玛莉安和威尔逊（均为雌性）的幼蛇已经可以供游客观赏了。她们同样不会再被扼住头部，只要稍加引导和鼓励，就会乖乖听话。其他工作人员也学会了判断，水蟒们什么时候心情不太好，不想被打扰。如果是这样，他们就会另选别的日子。

2011年2月，玛莉安不得不离开水族馆，去接受一场手术。由于手术并发症的影响，她到现在都没有回来，但她产生的影响仍在持续。

那位身材修长的青年女子曾经坐在水蟒的展区，膝盖上蜷伏着一条长达4米的水蟒，后者的尾巴亲昵地缠在她的一条腿上。这一幕情景确凿地证实了斯科特和威尔逊早已有之的想法。

斯科特曾说："不仅仅是哺乳动物和鸟类，几乎所有的动物都会学习，都能分辨个体差异，并进行情感交流。"一旦你找到正确的方法，不管对方是章鱼还是水蟒，你都能和他们友好相处，实现难以置信的奇迹。

斯科特最近的一个项目就堪称奇迹：训练苏里南蟾蜍。

称之为奇迹，不仅因为训练的对象是两栖动物——智力远比水蟒低下——更是因为他们没有视觉。由于眼盲，苏里南蟾蜍拥有独特的外表。他们15厘米长的身体呈棕色、扁平状，头上有两只鼻孔，分别连接着两条狭长的气管；前肢的脚趾上有星形的触觉器官，可帮助觅食。

雄性苏里南蟾蜍会在水下发出咔哒咔哒的声响来求偶，然后雌雄抱对，在水中游动并数次翻转身体，此时雌性蟾蜍把卵子产在雄性蟾蜍的腹部。雄性蟾蜍使卵子受精，并把受精卵滚入雌性蟾蜍后背部的凹窝中，雌性背部皮肤会将其包裹，起到保护作用。雌性苏里南蟾蜍蜕皮时，新生蟾螈便可以探出头，然后从她背上钻出来。此时的他们已不是小蝌蚪，而是完成变形的小蟾螈。

可惜的是，在美丽的原生态展区，这些奇异的蟾螈总是躲藏在植被里，人们很难一睹风采。斯科特现在正想方设法地把他们引诱出来，就像他之前对电鳗做的那样。

但是怎么做呢？斯科特说："你需要了解蟾螈的想法——我们要打一场蟾螈心理战。"盲眼蟾螈是如何确定哪里是安全的地方呢？他们又是如何找到的呢？斯科特说："你需要加快学习，学会和他们感同身受。还记得电影《ET外星人》吗？跟里面的情节有点像：你伸出一只无形的手，去解读那些生物体。你要放弃成见，乐于倾听。"

根据马耳朵耸起的角度，狗尾巴摆放的位置，或者是猫咪眼里的神色，很多人不用特别思考，就知道动物们要表达的意思。海洋生物爱好者们学会了如何读懂鱼的无声语言。有一次，我们走进大厅，看到非展览区那些刚刚换了水族箱的丽鱼（cichlid），斯科特满脸关切地对我说："我闻得出来，这些鱼很紧张。"这种气味很微弱，我一点都闻不到，但斯科特随即解释说，他所闻到的是一种类似退潮时期的海腥味，它源于一种叫热休克蛋白的物质。最初人们发现，动植物遇到高温环境时会释放这种细胞间蛋白质；而今天我们知道，在其他情形下，动植物只要紧张，也会释放这种蛋白质。这个气味让斯科特感到恶心，但并不是因为气味本身，而是一想到他照料的鱼正在紧张，他自己心里也会跟着担惊受怕，就像听到自己新生儿子的哭声一样。

斯科特对其他鱼类也非常熟悉。我们有一次去看刚搬了新家的丽鱼，他就能区分新来者和老住户——新鱼身上的条纹颜色更浅。他指着一只已经在水族箱里安家的鱼说："瞧这个，你看到他眼里的闪光了吗？再看看这条鱼，他眼睛里就没有。"斯科特识别鱼类的面部就像我们识别人脸一样容易。

前往水族馆的途中，我说："读懂章鱼的困难在于他们的表达方式太过丰富——远远超过我所知道的其他物种。我们人类有各种文学艺术的表现形式，但是就算加上这些声音、服装、画笔、黏土和工艺，我们的表现力还是比不上章鱼。毕竟他们光靠皮肤就可以传达意思。"

斯科特说："你说得没错。要是头足类动物们会在东南高速公路①上开车的话，你能想象他们的路怒症会是什么样子吗？"

◇ ◆ ◇

那天下午，威尔逊一打开咸水桶，迦梨便浮出水面，滴溜溜地转着眼睛，看着我们。我们向她伸出手臂，她缠了上来。她的皮肤呈深褐色，腕足间遍布腕间膜，绿如苔藓的斑块点缀其间。威尔逊额外给了她两条鱼，她热切地接过去，又用吸盘温柔地吸附着我们，任凭我们抚摸她两眼间的额头。我对威尔逊说："我从没摸过这么软的东西，就算是小猫和小鸡的绒毛都没它软。这简直太舒服了，我能这样待上一整天。"

威尔逊用认真的口吻说："是的，我想你可以的。"

抚摸章鱼额头的幸福感实在难以言状，即使对动物爱好者也很难转述。回到新罕布什尔州后，有一次我和乔迪去树林里遛狗，我兴致勃勃地给她讲那种幸福感，却能感觉到她正在努力说服自己，我还没有疯掉。

① 位于美国马萨诸塞州，高峰期间车流非常拥堵。——译者注

“但是它们不是黏糊糊的吗？”她说，“我的意思是，你难道不介意那些黏液？”

我个人觉得“滑溜”比“黏糊”更适合用来形容章鱼。

然而，香蕉皮才是滑溜的，黏液却是一种至关重要的特殊物质。再说也确实不能否认，章鱼身上是有黏液。几乎所有的水生生物都是如此。海洋科学家埃伦·普拉格经过观察总结道：“使用、调用黏液，以及由黏液组成的海洋生物的数量超乎我的预料，海底世界简直就是黏液的世界。”

黏液可以让海洋动物在水中穿梭，可在捕食猎物时减小阻力，还可保持皮肤健康，摆脱天敌，保护自己的卵。管蠕虫（比如比尔的鸡毛掸子蠕虫）会分泌黏液来造出一些革质的中空管子，形状与花朵的茎梗相似，用以保护自己的身体并附着在岩石或珊瑚上。而对于一些鱼类，比如斯科特照料的丽鱼以及亚马孙盘丽鱼（Amazon discus）来说，黏液就相当于这些鱼类的母乳。实际上，幼鱼会摄食父母体表富含营养的黏液，这一行为的专业术语为“噱食（glancing）”。色彩鲜亮的鲑鱼会分泌出难闻的黏液以驱赶敌人；同属章鱼科的深海吸血鬼乌贼会分泌发光的黏液吓退天敌。百慕大群岛的火焰管虫会分泌一种发光的黏液作为吸引同伴的信号，就如同夏夜里的萤火虫：雌火焰管虫通过发光吸引雄性，接到信号的雄管虫也会闪光，之后他们就会一前一后释放出精子和卵子。

我告诉乔迪：“迦梨和奥克塔维娅的黏液还不算坏。不管怎么说，根本没有八目鳗那么黏。”

八目鳗生活在海底，可长到约43厘米长。他们能在短短的几分钟内分泌出足够装满7只桶的黏液，这些巨量的黏液可以帮助他们轻松逃脱天敌的虎口。但是，过多的黏液也有使他们自己窒息的危险，除非他们能学会排出黏液的正确方式，就像人类在感冒时擤鼻涕一样。有时，一只八目鳗产生的黏液多得连自己都无法承受，这时他就会使出一记妙招：卷起尾巴把身体缠绕成一个结，再把结往前滑出去，从而清除掉黏液。

“呕！”乔迪叫出了声，“这太恶心了！”不过听完八目鳗的光辉事迹，她突然觉得章鱼的情况还能接受，于是让我多讲讲迦梨和奥克塔维娅的黏液。

章鱼的黏液是一种介于口水和鼻涕之间的物质，但是没那么恶心，而且十分有用。如果你想从一个逼仄的地方挤进挤出，黏液就能起到润滑作用。它还可以保持身体湿润，这样章鱼就可以上岸——事实上，有些种类的野生章鱼经常这样做，而且频率惊人。

1998年，研究员莱尔·萨帕托声称自己发现了一种“树章鱼”，后经证实为骗局，成为一起臭名昭著的学术不端事件。（这同时也证明，许多年轻人总是盲目相信自己在网上读到的东西）

尽管如此，栖居在潮滩区的野生章鱼确实经常上岸，以便寻找食物更加丰富的其他潮水池，或是为了躲避水中的猎食者，如其他章鱼的追捕。我曾在一份资料上读到，在海浪不断拍打，溅洒出水沫的地方，章鱼可以在岸上存活至少三十分钟。

“黏液又没什么害处。”我苦口婆心地对乔迪说，“要知道，人类已知的两种最快乐的活动，都离不开黏液的参与。”

她思考了片刻。

“另外一种活动是什么？”她问。

“吃。”我回答说。

◇◆◇

“嗨起来！”布兰登·沃尔什厚重的嗓门压过了水泵的嗡嗡声，播放器也响起了重金属音乐的旋律。布兰登34岁，高大魁梧，在水族馆的IMAX影院工作，下班后就回家照料自己的水族箱。他说他现在“只有”5个水族箱——以前可是有过足足20个。

迦梨的咸水桶前聚集的人越来越多，布兰登就是其中之一。他们都在等着威尔逊打开盖子，好和迦梨玩一玩。在这个水族馆里，章鱼的黏液似乎成了一种社交催化剂，使我和同事们迅速打成了一片。

这儿还有一个25岁的姑娘，名叫克莉斯塔·卡赛欧。小姑娘生得娇小俊俏，一头乌黑的卷发散落在后背，上唇钉有一小颗黑色的宝石，她的微笑仿佛能照亮整个房间。她告诉我：“从小到大，其他女孩子都玩洋娃娃，我却只喜欢和鱼玩。”

起初她在一个容积约3.8升的水族箱里养了几条金鱼，随后又增加了搏鱼（betta）、脂鲤（tetras）、孔雀鱼（guppy）以及螺类，水族箱的数量也慢慢增加到10个。她说：“你真该去我房间瞧瞧，你会觉得满耳都是鱼儿们发出的低吟声。”

在淡水区，克莉斯塔和斯科特刚刚开始了他们每周一次的志愿服务活动。克莉斯塔同时也在酒吧打工，挣钱来还助学贷款，但她真正喜欢的还是在水族馆工作。

水蟒驯养师玛莉安·布里特做完手术之后，第一时间回到水族馆，加入了我们的“奇妙星期三”。她有着榛子色的眼睛，一头柔软齐肩的棕色头发，优雅的举止下隐藏着非凡的睿智——这体现在她的各种努力当中，不论是绘制首张“花纹表格”以方便饲养员们辨别水蟒幼崽（她抓住这些约30厘米长的小家伙，不顾他们的啮咬，将每条幼崽身上独特的花纹画到事先做好的表格上），还是全然不顾手术后的持续性头痛，在国外创办了一家可以从国内远程经营的纱线公司——紫欧卡皮（Purple Okapi）。

今天，我还遇见了安娜·马吉尔多昂。她刚上完高二，小巧玲珑，乌黑的头发随意扎成一个马尾搭在后背上。过去的两年里，她一直在这个水族馆做志愿者。在夏天，她每周工作四天。

两岁生日的时候，她得到一个水族箱作为礼物。她说："从那以后，我就一直收集水族箱。虽然爸妈说不准再增加新的水族箱了，但我瞒着他们继续干这事儿。"最后她偷偷收养了一条宠物比目鱼，然后被她妈妈发现了。她妈妈是位小学老师，决定要惩罚她——听到这里，我的脑海里浮现出一只平底锅的样子。

好在她妈妈的惩罚与平底锅无关，而是不准安娜给鱼起名字，要由她自己来起——妈妈给这条鱼取名"弗朗迪"。

除了围在迦梨桶边的常客，还有两位水族馆教员加入了我们，布兰登把女朋友也带过来了。威尔逊说："今天的人数打破了纪录。"今天迦梨总共迎来了九名访客——虽然她有八条腕足，但是也不够同时和他们握手。就威尔逊所知，还没有哪只章鱼拥有如此庞大的粉丝阵容。

尽管迦梨从来没有见过这么多人，但却表现得像个完美的女主人。她看着我们，欢乐地摆动每条腕足，并优雅地接过了鱼和乌贼。

"哇哦！"迦梨用吸盘吸住教员们的手指时，他们不禁发出了惊呼声。当一条润滑的腕足盘绕在布兰登女友的手上时，她低声说："太棒了！"

我们围在迦梨的咸水桶边，不仅加深了人类和章鱼的彼此了解，我们人类之间也开始互相熟识。对于我们大多数人来说，一起看章鱼就是最好的社交方式。

与迦梨互动的时候，克莉斯塔跟我们讲起了她的双胞胎弟弟丹尼，说他最喜欢的动物就是章鱼。

丹尼患有广泛性发育障碍，这是一种严重的综合性疾病，有时会造成患者在学习基本技能方面十分迟钝。克莉斯塔正在争取丹尼的法定监护权——不是因为她住在梅休因附近的父母不想要监护权，也不是因为丹尼在那里不快乐。这位美丽活泼的女孩解释说："我无法想象没有弟弟的生活。他每天醒来都很开心！"

丹尼对章鱼十分痴迷，所以当他们一起去水族馆时，看到章鱼的每个动作，他都会兴致勃勃地跟克莉斯塔讲一遍。"现在她要起来了！她正在移动腕足！"有一次克莉斯塔带丹尼去波士顿的一个鱼市，丹尼发现在那里章鱼只是一种食物，就感到很难过。但头足类动物的尸体让他非常着迷，于是克莉斯塔给他买了一个当作礼物。他把它存放在冰箱里，过一阵子就拿出来看看。

托奥克塔维娅和迦梨的福，我对威尔逊和他的家人也有了更多的了解。威尔逊出生在伊朗的拉什特，父母是伊拉克犹太人，早年就读于这个波斯国家的一所美式长老教会学校，从很小的时候就学会了在多种文化之间穿梭自如。16岁时，他进了一所英国的寄宿学校，之后在伦敦大学学习化学。然后他去了美国纽约（他还记得具体时间：1957年1月3日），到哥伦比亚大学学习化学工程，再后来搬去波士顿，入职理特咨询顾问公司。在那里，他遇见了现在的妻子黛比。黛比是一位思想前卫、有独立意识的社会工作者，她的母亲出生在俄罗斯和波兰的边境，父亲是美国人。一年半之后，黛比向他求婚，威尔逊立刻同意了。但是他的母亲是个思想保守的寡妇，她因为黛比没有伊拉克犹太血统而感到耻辱，于是坐飞机来到美国，试图阻止他们结婚。

面对误解，威尔逊已经习以为常。在这个强调一致性的世界里，在不重视动物尤其是水生动物的文化中，我们这些人经常面对各种误解。也许正因如此，我们才齐聚在这个咸水桶周围，一起探访里面那只黏黏糊糊，被多数人看成怪物的无脊椎动物。

很少有人能理解我们的举动，比如，为什么玛莉安会去那个盘满了巨蛇的展馆。有人会问："你觉得它们认识你吗？"那些蛇当然认识她，而且喜欢她。她也爱着他们。2011年夏天艾希莉死的时候，玛莉安伤心欲绝。斯科特也完全理解她的感受。当年，元旦那天的凌晨四点钟，斯科特接到一通电话说艾希莉生了小水蟒，就撇下自己刚出生五天的儿子，直奔水族馆去看新生的水蟒宝宝了。

安娜也觉得自己老被误解，不过所有人在少年时代都有类似感受。她和克莉斯塔一样是双胞胎，但她一点也不像她健壮而外向的哥哥。安娜聪明而直率，不加掩饰地告诉了我们很多事，比如她上了一所"特殊"学校；患有阿斯伯格综合征，一种轻微的自闭症；还常常遭受其他病痛的折磨，比如偏头痛、注意力缺失症、低血压（有一次昏倒在水蟒槽边），还有身体颤抖的毛病。正因为如此，她不得不服用各种各样的药。在家里的时候，她养的鱼和一只叫作莱拉的蓝舌小蜥蜴给了她安慰；但直到来水族馆做志愿服务工后，她才真正感到自己的人生是完整的。

"在水族馆非展览区当志愿者的经历改变了我的生活。"在我们抚摸迦梨的时候，安娜对我说。

在五年级和六年级的暑假，她都花了一些时间待在水族馆的鱼类区域，把"夏令营"变成了"鱼令营"。到了14岁，她每周六都要去上艺术课，课后就会穿着T恤到水族馆度过剩余的时光。

在“鱼令营”里，安娜认识了戴夫·韦奇，后者满脸胡须，性格开朗，曾经是高中老师，如今负责管理海滨展厅以及科普中心的水下实验室。戴夫邀请安娜去参观他的实验室，跟她约定一个小时后碰面。但是安娜的时间感不强，既没戴表，也不会认指针式挂钟的时间。于是她索性在水下实验室门外等了一个小时——当时还下着倾盆大雨。这件事让戴夫大受感动。尽管安娜的年龄还不够成为正式的志愿者，戴夫还是给她安排了些非展览区的活儿干。

现在，安娜已经是一名正式的志愿者，拥有一只电子表（她会通过数字认时间）。她记住了水族馆里每一种海洋脊椎动物和无脊椎动物的通用名和拉丁名，只有淡水区的动物名字还没记全，并为此感到抱歉。

安娜对我们说：“在水族馆工作的人和其他人很不一样，就像章鱼和人类的区别那么大。我感觉这里就是我的归属，就像在真正的家里一样轻松自在。”

归属感是人类内心最深处的一种渴望。人类是群居动物，就像我们的灵长类祖先一样。进化生物学家指出，在较长的生命周期内保持多种社交关系，是促使人脑进化的一个关键因素。事实上，那些与人类相似，也拥有群居习性和较长生命周期的动物，诸如黑猩猩、大象、鹦鹉和鲸鱼，往往都拥有较高的智力。

但是章鱼的情况却同上述各种动物截然相反。众所周知，他们的生命短暂，且大多并无群居习性。但也有一些有趣的例外情况。比如，体形较小的太平洋条纹章鱼（这个章鱼物种是在40年前首次发现的，每条可长到7厘米长），雌性和雄性有时会住在同一个巢穴里。这种章鱼的族群还会同

40多种其他动物建立共生关系——这一事实着实令人意外，以至于长达30年内无人相信，也未发表成文，直到斯坦哈特水族馆的理查德·罗丝在自家实验室里饲养了这种久被忽视的物种。

然而，至少就太平洋巨型章鱼而言，人们相信他们直到濒死之前才会求偶交配。但即使交配也未必是为了寻求陪伴，因为其结果可能是雄章鱼被雌章鱼当成约会后的餐点。如果章鱼们不和其他同类交流，那么他们的智力有何意义？如果章鱼之间互不交往，又为什么想要与我们互动？

章鱼心理学家詹妮弗说："促使他们变得聪明的因素与我们并不相同。"章鱼与人类的智力发展分别进行，而且目的不同。

她认为，章鱼智力的发展得益于其祖先的甲壳退化消失，从而使他们的身体变得灵活自如。与蛤蜊不同，章鱼不需要等待食物找上门来，因为他们可以像老虎一样去捕食。螃蟹是大多数章鱼的最爱，此外他们也会猎捕数十种不同的生物，每种生物都需要不同的捕食策略、技能组合，不断制定和修改一套套不同的决策。你会在一场追踪伏击战中伪装起来吗？会在捕猎时用虹吸管往后喷水，加速冲刺吗？还是会从海里爬上岸，去追踪逃跑的猎物呢？

然而甲壳的退化也要付出相应的代价。正如一位研究员所说，章鱼就像"一大块裸露的蛋白质"，任何足够大的动物都不会放过他。章鱼们十分清楚自己的弱点，所以会采取措施保护自己。

20世纪80年代，当詹妮弗在百慕大观察一只普通章鱼的猎食之旅时，就清楚地观察到了他如何保护自己。猎食归来后，他正用腕足清理巢穴的洞口。突然间，他爬出一米远的地方，抓起一块石头，然后放在巢穴门口。两分钟后，他再次勇敢地爬出去选了第二块石头，接着又是一块。他用吸盘提着这两块石头，用力地拉回小窝。他先是滑入敞口的巢穴，然后将石块仔细地码放在洞口，就像在城堡门前筑起一座石头要塞。詹妮弗说：“他的想法显而易见：三块石头就够了，晚安！”现在他终于可以安心睡觉了。

2009年，印度尼西亚的研究者记录了这样一群章鱼，他们总是带着一对椰子壳，用作自己的便携式活动房屋。章鱼们把两片椰子壳叠在一起，拖拽着它们，在沙质海底上迈着僵硬的步子前行，然后把椰子壳重新拼成一个圆球，爬进里面去。这一过程显然充满了艰辛。

在明德学院的章鱼实验室里，动物管理员助理卡洛琳·克拉克森注意到章鱼使用工具的另一个案例。一只海参正在一只雌性加利福尼亚双斑蛸的巢穴旁进食，那只章鱼觉得海参离洞口太近，于是冒险爬了出来，在大约15厘米远的地方捡起一块长宽各约9厘米的石片，然后拖回巢穴，像盾牌一样立在洞口，以防止自己被海参的刺扎伤。

无论是建造庇护所，喷射墨汁，还是变换颜色，柔弱的章鱼必须时刻准备着用智慧战胜其他几十种动物。他们既要动用计策捕猎，也要瞒过自己的天敌。面对如此多的可能性，你该如何应对？要想做到这一点，在一定程度上需要预测其他个体的行动，也就是说，需要预判对方的想法。

这种了解他人思想的能力，是一种复杂的认知技能，称为“心智理论（theory of mind）”。这种能力曾被认为是人类特有的。对于典型的小孩子来说，心智理论大约在3到4岁时开始形成。一个经典实验这样记录着：一个学步期的小孩看到视频中一个女孩离开了房间，留在屋里一盒糖果。之后，一个大人来把盒子里的糖果换成了铅笔。女孩回来后再次打开了盒子。实验者问小孩子，这个女孩想在盒子里找什么呢？小孩子会说：铅笔。只有一个年龄稍长的孩子能够理解女孩想要找糖，尽管糖果早已不在那里了。

心智理论意味着开始拥有自我意识，所以它被视为意识的重要组成部分（我是这样认为，但你可能是那样认为）。布莱恩·黑尔博士是杜克大学犬类意识中心的负责人，他近期证明，犬类知道其他物种可能具备自己没有掌握的知识。在实验中，他给狗准备了两个隔绝气味的容器，一个盛有食物，一个则没有。狗很快发现人们知道自己并不知晓的答案，于是就顺着人所指的方向找到了藏起来的食物。

这恰恰是南希·金的章鱼奥莉之前做过的事。她曾顺着南希手指的方向，发现了自己找不到的螃蟹。

当然还有其他很多例子。猎鹰在追捕猎物时，会看向主人，或看向猎狗，以便获知猎物的线索。非洲蜜獾会跟随一只特定的鸟（即所谓“向蜜鸟”）去寻找蜂巢。双方似乎都意识到，当蜜獾打开蜂巢吃掉蜂蜜的时候，鸟儿就可以尽情享用蜜蜂幼虫。

在地球上的所有生物当中，章鱼在猜想其他生物的思维方面最为出色。因为如果没有这样的能力，章鱼就无法通过欺骗来保全自己了。章鱼一定会使出浑身解数让各种天敌误以为自己不是条章鱼。看！我是一滴墨水。不，我是一株珊瑚。不，我是一块石头！章鱼必须判断其他动物是否会相信他的诡计，如果不相信的话，他会尝试别的法子。

在詹妮弗和别人合著的一本书中写道，章鱼特定的表现只针对特定条件下的特定物种。例如，章鱼会用烟幕弹术（The Passing Cloud display）吓唬静止不动的螃蟹，从而使对方动起来，暴露自己。但在愚弄一条饥饿的鱼时，章鱼更倾向于采用一种不同的策略：迅速变换颜色、图案和形状。大多数的鱼类对特定的搜索影像有着极好的视觉记忆，但是如果章鱼颜色变浅，游到远处然后变出条纹或者斑点，鱼就无法再继续追踪了。

为了能够生存下去，以便最终在新英格兰水族馆与我们相遇，迦梨或许曾与各种各样的动物斗智斗勇，比如鸟类、鲸鱼、海豹、海狮、鲨鱼、螃蟹、鱼类和龟类，当然也有其他章鱼和潜水员——他们都有着不同的眼睛、生活方式、意识、动机、性格和情绪。大多数人在日常生活中只同人类这个物种有直接的互动，相比之下，迦梨算得上是见多识广，阅历丰富，而我们简直是小镇里的乡巴佬。

这会儿，迦梨正和人们打成一片。她对身边的人类很感兴趣——还有什么能比别人对你表现出兴趣，更能引起你的兴趣呢？她用左边第二条腕足的尖端试探着布兰登和他的女朋友，把吸盘缠上了他们的手指。她从上往下轻轻弹着，腕足上展开的乳白色的吸盘就像一朵盛开的花。我、克莉斯塔、安娜和玛莉安伸出了手掌和前臂；她把吸盘贴上来，又轻轻拉开，似乎在和我们闹着玩。她的皮肤显现出斑驳的色彩，身上长出了荆棘状与角状的突起。她抬起头来让我抚摸，皮肤在我的触碰下渐渐变成了白色。她的眼睛滴溜溜地转着：这是在寻找威尔逊。一看到他的脸，迦梨就伸出两条腕足缠住了他的手臂，就像三明治的两片面包夹着馅料。

比尔站在我们身后，开心地看着这一幕。迦梨表现得兴味盎然，活泼而友好。他自豪地说：“她会成为展示区的明星章鱼。”

◇◆◇

尽管今天不是星期三，威尔逊和我还是专程去了一趟水族馆。今天我们要给克莉斯塔和丹尼过生日。在比尔和斯科特的合作下，我们会在这里分享克莉斯塔为弟弟准备的惊喜。

昨天晚上，丹尼乘上巴士，离开了位于梅休因的父母家，来到了克莉斯塔在波士顿的寓所。

上午11：15，我和威尔逊等待着克莉斯塔把她弟弟带到三楼的非展览区。

克莉斯塔骄傲地说："他经常读百科全书。我和我姐姐只是扫上几眼，但是他是认真地在读。结果我妈家里堆了一大堆百科全书。"从丹尼13岁起，他最喜欢的百科条目就是章鱼。章鱼的什么地方最让他着迷呢?他说："他们的样子，还有他们的聪明才智！全身都是吸盘!"

昨天晚上，克莉斯塔说她给丹尼读了我在《猎户座杂志》上的文章。她悄悄地跟我说："他说，'你能想象摸一摸章鱼会是什么感觉吗？'"他以为今天只是跟姐姐去水族馆看上一眼。

于是今天早上，丹尼对克莉斯塔说："所以我们今天要去看章鱼喽，这一定会是美好的一天。"

他不知道我们准备了什么。

威尔逊把丹尼带到了奥克塔维娅的水槽边，克莉斯塔问他："猜猜这里面是什么？"

丹尼瞪大了眼睛："大章鱼？"

威尔逊用抓钩夹起一条鱼递过去，试图引起奥克塔维娅的注意。克莉斯塔、丹尼和我冲下楼梯来到公共展区，想看看奥克塔维娅有什么反应。丹尼透过玻璃对她挥手。起初奥克塔维娅并不理睬抓钩，后来终于伸出了两条腕足，接着又伸出第三条，将抓钩抓住——然后她的皮肤变成了亮红色。鱼掉了下去，她并不想吃东西。她松开了抓钩，于是威尔逊就把它收了回来。

威尔逊和我们一起来到水族箱前。“他看到了吗？”

“太不可思议了。”丹尼惊讶地说。然后我们回到楼上，站在迦梨的咸水桶边。威尔逊动手旋开盖子。

“嗨，丹尼，快来看看这个。”克莉斯塔说。只见深红褐色的迦梨浮上了水面。

“我一直以为这儿只有一只章鱼！”丹尼说。这时威尔逊伸出了手，迦梨用吸盘吸住。

丹尼兴奋得全身颤抖。“来，给她一条鱼。”威尔逊鼓励地对丹尼说，“把鱼放在她的吸盘上，让她接住。”

丹尼拿着鱼，起初还有点畏缩：“我觉得她会抓住我的！”

威尔逊说：“松手，让她接着就行！她不会伤害你的，快把手伸进水里！”

此时迦梨的头部和三条腕足已经露出水面，接近了水族箱的边缘。她正急着要问候我们。我们都开始抚摸她，并鼓励丹尼也一起来。但是丹尼害怕得浑身发抖，只是用一根手指轻轻戳了戳吸盘就立马缩了回去。他无法战胜内心的恐惧。后来他告诉我，当时他回想起一个电视节目里的场景：一只有房子那么大的章鱼袭击了人类。

突然，一束水柱从桶里喷出来。“她在跟你问好呢！”克莉斯塔说。之后又是一束更高的水柱，正好打在丹尼的脸上。

这一点儿也没惹恼他，他的表情和刚才没什么区别。他正被章鱼弄得眼花缭乱，同时又有些紧张和害怕。

浑身湿漉漉的丹尼伸出一根手指，碰了碰迦梨的吸盘。

他对我说："我冰箱里也有只冷冻章鱼，可惜它是死的。"

迦梨开始朝水族箱外的我们举起她凝胶状的腕足。"她过来了！"克莉斯塔说。我和威尔逊力图使她把其中几条腕足收回水里。迦梨把吸盘附在我们的胳膊上。威尔逊对我说："她不想碰丹尼，只想摸我们。因为她能感觉到丹尼很紧张。我从没有这样清楚地看到过这一幕。"

威尔逊对丹尼说："如果你是只螃蟹或者是只鱼，她会一口吞了你。正因为你是人，她才不会这么干。"

然后他又递给丹尼一条鱼，说："放手，她会接住的。"

丹尼放开手，她接住了鱼。

"哦，太棒了！"丹尼说。他摆动左手的手指，向迦梨挥舞着。

现在他开始有了安全感，也敢把手伸给她了。迦梨先是用五个吸盘轻轻地吸着他的手掌，接着是十个，最后大概有二十个了。"她摸起来就跟橡胶手套一样！"丹尼说。

威尔逊说："他越是不那么紧张，迦梨就越愿意跟他互动。她对我们的感知能力比我们对她要强得多。"

"我觉得她真的很喜欢我！"丹尼惊喜地对我们说。

"她的名字叫迦梨。"克莉斯塔说。

"你好啊，迦梨。"丹尼打着招呼，就像对人类打招呼一样。她蠕动着吸盘，一个接着一个，爬上了咸水桶的边缘，那副样子活像一个"机灵鬼"玩具[①]。

不过威尔逊开始觉得，再这样下去会把迦梨累坏的。于是他盖上了

① "机灵鬼（Slinky）"是一种螺旋弹簧玩具。如果把它放在楼梯上，它就会在重力和惯性的共同作用下不断伸展再复原，沿着阶梯拾级而下，看上去非常有趣。——译者注

盖子。

丹尼简直像个追星族一样。他欢呼着说："我竟然在水族馆里摸到了章鱼！活的耶！哇，真的是太刺激了！我已经迫不及待要告诉爸妈了！而且章鱼也喜欢我！"

这还没完。威尔逊这时候又拿来一只罐子，取下盖在上面的手术手套，只见里面放着他的一件珍藏。那是块黑色的角质物，大约3厘米长，由弯曲交联的两部分组成。

"你知道这是什么吗？"他问丹尼。

"贝壳？"

"不对——"

丹尼想起了百科全书里的一张照片。"它看起来像一只章鱼的喙！"

"对了。而且这只章鱼活了很久。"威尔逊说。"他叫乔治，这是他的喙。现在它是你的了。"

丹尼惊喜得说不出话来。

克莉斯塔问："你觉得怎么样？这可是真的章鱼喙哟！"

威尔逊又从自己的收藏品里面给丹尼挑了份礼物：一张乔治的相片，是由摄像师杰弗里·蒂尔曼拍摄的，装在相框里。丹尼满脸崇敬地说："我要把它摆在卧室里面，钉根钉子，挂在床头上。"

这一天接下来的时间，丹尼、克莉斯塔和我将一起在水族馆里度过，但是威尔逊不得不早早离开。

今早他接到一通电话，说附近的一家临终关怀医院可以为他妻子提供一个床位。如果确定要订下来，她必须今天就搬过去。医生们还是弄不明白她究竟怎么了，只知道她越来越虚弱，浑身无力，而且不断恶化。威尔逊曾陪她走遍了全世界，而今天下午，他会陪着她走完人生的最后一程。他打算从他们美丽的大房子里搬出来——那里面有宽敞的厨房，火炉前砌着瓷砖，还有许多间为客人、孙子孙女们准备的卧房以及黛比的家庭办公室——搬到一个小一点的地方去住。因此，他把自己的珍藏赠送了出去：珊瑚、贝壳和书籍分送给克莉斯塔、玛莉安和我，大型标本捐赠给水族馆。

就在这样的时刻，威尔逊选择和我们一起度过这个上午。把不幸藏在心里，为两个幸福的年轻人庆祝生日。

他设法使今天成为美好的一天——堪称奇迹的一天。那么，还有谁比一只拥有超凡力量的章鱼，更适合召唤这奇迹的出现呢？毕竟，这只章鱼是以女神迦梨来命名的——那位同时司掌创造与毁灭，同时具现了仁慈与残忍、悲苦与喜悦的神祇。

这是在波士顿，一个明媚的夏日午后：户外，戴着帽子的公园巡护员回答着关于观看鲸鱼和海景航游的问题，孩子和父母们在旋转木马上一同欢笑着，大人们挤满了法尼尔厅，吃着椒盐脆饼干和冰淇淋。水族馆里，安娜在给斯科特打下手，克莉斯塔分配着黑蠕虫，比尔正在喂食濒临灭绝的淡水龟——红腹海龟，他按照马萨诸塞州的条件和环境喂养他们，以使他们适应将来放生后的生活。威尔逊和我待在迦梨旁边，她已经吃完了鱿鱼，仍保持着头下脚上的姿态，徘徊在水面。她用一个吸盘吸住了我的一只手指尖，每隔一会儿就紧嘬一下，就像你在捏一只已经握住的手。她的一条腕足紧紧环绕着威尔逊的手腕，还有一条腕足缠着他的另一只手和前臂。我伸出被冷落的那只手，开始抚摸她。

表面看来，我们三个都像这百无聊赖的夏日一样倦怠，仿佛时间之水卷起了旋涡，让我们脱离了时日和物种的限制。我对威尔逊说：“如果有人见到我们现在这个样子，搞不好会以为我们是什么邪教成员。”

“章鱼神教？”威尔逊轻声笑着问我。

“通往平静和狂喜之路。”我回答说。

“是的，很平静。”威尔逊说。他的声音柔软得像一首摇篮曲。

抚摸章鱼的时候，我们很容易陷入遐想。与其他生命体，尤其是和章鱼这样与我们全然不同的生物一起，共享这份深沉宁静的时刻，这看似微不足道，却是一份寻常人无法拥有的奢侈。这是甜蜜的分享，更是质朴的奇迹，与浩渺的宇宙意识连为一体。

“宇宙意识”这一概念由前苏格拉底学派的希腊哲学家阿那克萨哥拉在公元前480年首次提出，指的是一种将生机赋予所有生物，并由所有生物共享的智慧。从西方哲学到东方思想，从心理学家荣格的“集体无意识”到物理学中的“统一场理论”，再到由阿波罗14号宇航员埃德加米切尔于1973年成立的研究所对思维科学的研究，无不贯穿着“宇宙意识”的近似概念。

在我的青年时代，卫理公会牧师们会对此大为震惊，如今能和一只章鱼共享这片“充满智慧力量的无限而永恒的海洋”，我感到十分幸福。还有谁能比一只章鱼更加了解无垠而永恒的海洋呢？还有什么能比躺在章鱼的臂弯里，沉浸在孕育出最初生命的海水中更加抚慰人心呢？

在这个夏日的午后，当我和威尔逊轻抚着迦梨柔软的头部时，我想到了《腓立比书》中保罗所写的书信，那“超越理解的平静”之伟力……①

① 原文见于《圣经·新约·腓立比书》4:7：“And the peace of God, which passeth all understanding, shall keep your hearts and minds through Christ Jesus.”中文和合本译为：“神所赐出人意外的平安，必在基督耶稣里保守你们的心怀意念。”——译者注

突然——哗！水花四溅，我们被淋湿了。

虽然迦梨的虹吸管直径还不到3厘米，但她一次就射中了我们两个人，我们的脸、头发、衣服和裤子都被约8℃的咸水浸透了。

“怎么回事？！”我狼狈地喊道，“她在生我们的气吗？”

“这不是攻击行为。”威尔逊说。我们趴在桶边，看着迦梨沉入水底，从下面用一种无辜的眼神望着我们。威尔逊说：“她在和我们玩儿呢，记住，每只章鱼都是独立的个体。”我们又伸出手来，但她并没有立刻把她的吸盘放上去。相反，她用虹吸管对准我们，就像小孩子拿着水枪瞄准一样。我的身手不够敏捷，没能躲开她的射击，但还是忍不住要看她接下来会做些什么。她浮上来，头部贴近水面，我能看到水面微微隆起：那是她的虹吸管在往上喷出水流。显然，她能够非常精准地调节喷水的力道。

她还能非常灵活地移动虹吸管。我曾以为，这种器官虽然很柔软，但一定固定在头的一侧。然而从迦梨的表现来看，显然并非如此。前一刻她的虹吸管还在左边，下一刻就来了个180度大转弯，到了右边。这令人惊讶的程度，就好比你看到一个人的舌头刚从嘴巴里伸出来，下一刻又从耳朵里冒了出来。

迦梨翻弄着腕足上衬裙褶边似的吸盘，然后向我们挥舞着腕足。如果她是个人的话，我们一定只会认为她是在戏弄我们，然后腼腆地鼓动我们再来一次。

到了不得不离开的时候，我满心不舍地走下大厅，去淡水区和斯科特道别。今天早上我曾为自己造成的不便向他道歉，因为每当我来水族馆的时候，他总得派人下楼，去大厅里接我，然后再领我到非展览区。有几次我单独一个人来，结果都被工作人员拦住了，生怕我是小偷。（在水族箱上锁之前，最常被盗的东西就是小海龟，比如比尔的红腹海龟。）于是斯科特为了我挺身而出，找水族馆志愿活动的项目总协调人威尔·马伦进行交涉。

水族馆里共有662名成年志愿者，他们所贡献出的劳动时间共创造了约200万美元的价值。他们给企鹅清理粪便，对游客进行科普，给动物喂食，在装修新展区时协助转移动物。另外还有100名年轻人通过实习和青少年志愿项目参与到了志愿活动中。他们佩戴的徽章标志着志愿者身份，这使他们可以进入非展览区。

虽然我不属于以上任何一类，斯科特还是把我带进了威尔的办公室。在那里威尔帮我照了张相片，用来给我做徽章。尽管刚被迦梨喷过水，半边头发还黏在脑袋上，我还是为威尔和斯科特给我的头衔而欢呼雀跃。我现在是水族馆官方的“章鱼守护者”了！

这枚徽章就是护身符。有了它，即使在游客参观时间以外的时段里，我都可以畅通无阻地进入水族馆。事实证明它对我来说必不可少，因为我现在又多了一个来水族馆的理由：

奥克塔维娅产卵了。

Kali

◇ ◆ ◇

卵

新生 · 消亡 · 改变

奥克塔维娅已经回到她的巢穴中，待在离我们较远的角落里的一块突出的礁石下，于是我只好来公共区看她。在夏季，新英格兰水族馆平均每天要接待六千名游客。因此为了避开波士顿的早高峰，我早上五点就起床，驱车前往水族馆。我争取赶在水族馆向公众开放前到达，以便不受打扰地看一看奥克塔维娅。

我把车停在水族馆三楼的螃蟹区，这是我理想的停车位置。（如果我九点以后到，就只能把车停在五楼的水母区。）我走进水族馆，和咨询台的工作人员打过招呼之后，就踏上螺旋梯道，开始了今天的旅程。我经过企鹅馆——那里有喧闹的小蓝企鹅、非洲黑脚企鹅和南跳岩企鹅（southern rockhoppers）——接着绕过满是大石斑鱼的蓝洞展区，再经过远古鱼区，那里有身形细长、骨舌鱼属的龙鱼，还有长着古怪的叶片状鱼鳍，活化石般的动物——肺鱼（lungfish）。接下来，我又穿过红树林沼泽区，漫步在悬挂着北大西洋露脊鲸骨架的区域，停下来和电鳗打了个招呼，再看了一眼鲑鲈（trout）。然后我朝缅因湾展区和浅滩岛区走去，还看了看鮟鱇鱼（goosefish），他们大约90厘米长，前半身平扁，身上有皮质突起，是一种底栖生物。我路过太平洋潮汐池，看见通往冷水区和淡水区的员工专用楼梯，以及可到达巨型海洋馆顶层的电梯。这时我加快了脚步，心跳也开始加速——因为前面就是奥克塔维娅的水族箱，马上就能见到我的这位朋友了。

奥克塔维娅紧紧地贴在巢穴顶部的石壁上，好像在睡觉。脑袋朝下倒挂着，套膜耷拉下来，皮肤的纹理和颜色几乎和石头一模一样。她的左眼是睁着的，不过瞳孔这会儿只有头发丝那么细，右眼则被一根腕足较粗的部分挡住了。这根腕足上的吸盘正对着我，然后腕足开始往回收缩，缩到我们看不见的地方。有五根腕足的末梢卷曲着，分别悬在巢穴的顶壁和两侧。我看不见她的鳃，也看不到任何呼吸的迹象。她的身体似乎只是在随着水流轻轻起伏。

我站在水族箱前，一动不动地看着她。我用红布蒙住自己头上的头灯，以免她被灯光惊扰到。在展箱里昏暗的灯光尚未亮起之前便来看她，这种体验仿佛是一场冥想。我必须调整好我的感官，让眼睛适应黑暗。这需要耐心。我必须训练我的大脑，让它从懵然无觉的状态，调整到能够感受微妙的变化，让它有能力把握住可能在一瞬间同时发生的各种事态。

现在，奥克塔维娅看上去很平静，就像一个章鱼版本的圣母玛利亚。相比上次见到她，她似乎长大了一些。她的头部和套膜跟家庭野餐时吃的西瓜差不多大。她的腕间膜中好像藏着什么东西，我能感受到那东西对她的重要性，但看不清楚到底是什么。奥克塔维娅就像一个正在熟睡的人类，一动不动，只偶尔舒展一下腕足。

早晨9：05，我到达奥克塔维娅跟前的78分钟后，她终于开始动了。她的身体开始像心脏一样跳动。她做了个深呼吸，让鳃里灌满腥咸的海水，然后从漏斗状的虹吸管中射出。她的一条腕足漫不经心地抚过身体，就像孕妇在抚摸自己的大肚子一样；另外两条腕足则相互摩擦，清洗吸盘。正因为这些动作，我们看到了一些奥克塔维娅守护的珍宝：那是一条五厘米长的卵串，大约有四十颗卵，卵的大小和颜色如同米粒一般。这串卵从巢穴的顶壁垂下，搭在她的一条腕足上，就像一位女士不经意滑落在肩上的一缕秀发。这就是她之前藏在腕间膜中的珍宝。

除了我能看清的这些，还有更多的卵依稀可见。有些卵串长达20厘米。在她的巢穴后部的凹处还堆着五六串。不过它们差不多全被她的身体挡住了。

这正是奥克塔维娅不再与我们互动的原因。她有更重要的事情要去做——保护自己的孩子。这是一只雌性章鱼在生命结束之前的重任。

奥克塔维娅在六月份就开始产卵了，那时我还在非洲。然而其他人也没亲眼见过她产卵。比尔说："每次都是早上来了以后，才发现卵又增加了很多。"太平洋巨型章鱼通常昼伏夜出，安全起见，产卵这样令自己变得虚弱的过程当然要在夜幕笼罩之下进行。每个无人的夜晚，奥克塔维娅会爬上巢穴顶部，从虹吸管中产出一颗颗体积微小，呈泪滴形的卵。每颗卵较小的那一头都通过细丝连在一起。

奥克塔维娅用她嘴巴附近那些最小的吸盘，小心翼翼地将每30至200颗卵编成一串，就像人类把洋葱串起来一样。她体内的某种腺体会分泌出黏性物质，可以将一簇簇的卵粘在巢穴的顶部及墙壁上，就像一串串葡萄。然后她就这样一串接一串地编下去。在野生环境中，一只雌性太平洋巨型章鱼可在约三周时间内产下67000到100000颗卵。

奥克塔维娅的卵不大可能成功孵化。雌性章鱼会先将未激活的精子储存在精囊腺中数月，到适当的时候再使之活化，以产生受精卵。而一年前，奥克塔维娅被捕时，她可能还没有交配过。那时候她年纪尚幼，很可能无法从雄性那里接受精囊。

尽管如此，比尔还是为奥克塔维娅感到骄傲。虽然产卵意味着雌性章鱼的生命即将走向尽头，比尔却并不悲伤。随着奥克塔维娅一次次地产下卵簇，比尔也似乎越来越感到满足。他明白，这个过程意味着生命的圆满。

"想到雅典娜那么早就去世，我总觉得被命运欺骗了。"他说。产卵才是所有雌性章鱼结束生命的自然方式。至于奥克塔维娅，她会像她母亲，以及数亿年来的每一只雌性章鱼一样完成这个仪式：守护着产下的卵，帮助它们接受充足的氧气，并保持清洁。

在一本名为《古老的生产生活方式：先民的故事》的回忆录中，我的朋友莉兹描述了她在布须曼的生活。她非常喜欢引用最早由进化生物学家查德·道金斯描绘出的一幅画面："你站在母亲身边，牵着她的手，母亲牵着外婆的手，外婆又牵着外婆母亲的手……"最后，手牵手的队列延伸至三百英里长，时间回溯到五百万年前，人猿祖先们的手牵在一起。我也喜欢在脑海中构想这样一幅画面：奥克塔维娅伸出一条腕足牵起母亲的腕足，然后母亲的腕足又牵着外婆的腕足，就这样一直世代相传。这些附有吸盘的腕足非常灵活，仿佛能让时光倒流：章鱼们组成队列，绵延到数百英里，数千英里之外的远方。

回溯到新生代，我们的祖先还在树上生活；在中生代，恐龙统治着世界；到了二叠纪，哺乳类祖先开始崛起；石炭纪形成了含煤的沼泽林；泥盆纪，两栖动物开始从水中迁往陆地；志留纪，陆地上出现了第一株植物——直到奥陶纪，拥有翅膀、膝盖和呼吸器官的动物才开始出现，鱼类长出含骨头的下颌，血液开始从多腔室心脏喷涌而出。五亿多年前，潮汐曾比现在更加猛烈，白天更短，年周期更长，空气中二氧化碳的含量高到哺乳动物和鸟类无法呼吸，地球上所有的陆地都聚集在南半球。但即使在那个时候，奥克塔维娅的祖先便拥有了作为章鱼的标志：敏感、柔韧、长有吸盘的腕足。

在野外环境中，大多数雌性章鱼一生只产一次卵。然后，她们就不辞辛劳地守护着产下的卵，哪怕需要觅食也不愿离开半步，因此在生命最后的时光里一直忍饥挨饿。有一种居住在深海的章鱼在这方面保持着最高纪录：在没有进食的情况下存活四年零六个月之久，同时还能在距海平面将近1600米深的地方——蒙特雷海底峡谷——进行孵化。

在西雅图召开的章鱼研讨会上，水肺潜水员盖伊·贝肯用幻灯片向我们展示了一只名叫奥利芙的野生太平洋巨型章鱼，她生活的海域距西雅图水族馆仅一英里远。那里是广受欢迎的潜水地点，也被称作“二号湾”。作为当地“周二之夜”潜水俱乐部的成员，盖伊·贝肯和他的朋友们经常在那片海域看到章鱼。除此之外，他们还常常看到灰六鳃鲛（six-gill shark）、狼鳗，以及蛇鳕（lingcod）。2001年，他们经常在离海滨30米的码头桩处遇到一只体形稍大的雄性章鱼，并将其命名为“鲍普艾”。2002年2月，另一只雌章鱼出现了，她大约有25千克重，被他们命名为“奥利芙”。

奥利芙已经逐渐习惯了潜水员的存在，所以当他们把鲱鱼放在她伸出的腕足吸盘上时，她也欣然接受。但在今年二月下旬，她却从未离开巢穴。在水中的一排木桩下，奥利芙用长约两米的礁石垒起一道半圆形的栅栏，堆在巢穴的两个缺口处。但是潜水员仍然可以看到巢穴里的情况。到二月底，他们证实了一件事——奥利芙产卵了。

“每次来看奥利芙，她的状态都不一样，”贝肯说，“有时她会接受我们，有时又明显不想要人陪着她。”

她产卵后的第一个月里，还会吃潜水员喂给她的鲱鱼。“但是再后来，她把鲱鱼都扔回来了。”贝肯说。

那个夏天，很多潜水员都来看过孵卵的奥利芙。他们全神贯注地看着她用吸盘爱抚她的卵，并从虹吸管中吹出水流，轻轻地进行冲洗。他们还看到她将向日葵海星挡在门外，防止他们进入她的“育幼室”，吃掉她的孩子。

到了六月中旬，潜水员们已经能从正在孵化的卵中，看到黑色斑点状的小眼睛了。

“这儿有一个！这儿还有一个！”贝肯喊道。多年以后，在投影屏幕上给我们指出那些未出生的小章鱼们正在发育的眼睛时，他仍然很兴奋。

九月底的一个晚上，贝肯和朋友潜入水中，见证了奥利芙的第一批孩子破卵而出。

奥利芙用虹吸管把这些新生的、微小的、健全的小章鱼从卵中取出，带出穴口。小章鱼们都还不到米粒大小。

小章鱼会随着水流漂走，就像《夏洛的网》[①]结局中的那些小蜘蛛一样：他们乘着蛛丝编的小气球，随风而去。

一些小章鱼会幸存下来。等他们长得足够大，能够在海底定居时，他们便成为海洋中浮游生物的一部分。海洋中漂浮着数百万微小的植物和动物，构成了食物链的基础。其中的浮游植物制造了地球上的大部分氧气，维持着地球的生机。

在某种程度上，温度影响了章鱼孵卵的进程。在加利福尼亚州的海岸附近，太平洋巨型章鱼通常会花四个月的时间孵卵；在更冷的阿拉斯加水域，则需要七到八个月的时间。在皮吉特湾孵卵一般只需要六个月，但奥利芙的孵化期超过了这一期限，最后一批卵直到十一月初才孵化完成。仅仅几天之后，潜水员在巢穴外发现了她的尸体，全身呈半透明的乳白色，就像一个幽灵，正在被两只海星啃食。

“太让人难过了，”贝肯说，“潜水员可不想看到这副样子。因为她曾经在这里生活，在这里死去，所以这个地方一直被叫作奥利芙的巢穴。

① 美国作家E. B. 怀特的童话作品，讲述了小猪与蜘蛛的友谊。——译者注

在那一带，你差不多每次都能看到章鱼。任何时候看到他们，我们都会想起奥利芙。”

而在大陆的另一端，我们的水族馆里，奥克塔维娅正处在生命的最后阶段，仍然愿意接受比尔和威尔逊递给她的鱼。比尔安慰我说：“这也许表示她可以再多活几个月。”

在这几个月里，奥克塔维娅将为我们提供近距离的视角，让我们一览无余地观察她生命中最终的秘密使命。这要比观察野生章鱼容易得多。但不管她给予怎样的关怀，这些未受精的卵都无法变成小章鱼。然而，围绕着奥克塔维娅的水族箱，确实有一些改变正在发生，有些改变还要归功于奥克塔维娅自己。这些改变或许是伤感的，或许是陌生的。有的改变就如同那些章鱼卵，以微弱的声音诉说着对于新生的期许。

威尔逊用抓钩给奥克塔维娅喂食的时候，感觉到了来自她腕足的力量。他欣慰地说：“她仍然很强壮，还能再坚持一段时间。”

与此同时，迦梨也在一天天长大，变得更加强壮、勇敢。安娜把两只手都伸进水池，与迦梨从咸水桶的洞中伸出的腕足尖端互动着。威尔逊一扭开盖子，迦梨就马上游上水面来看他。我们都把手伸进了水里。迦梨倒转过来，急切地将腕足往四周散开，接住了两条毛鳞鱼，马上用吸盘交替传递着送入口中。与此同时，她的其他腕足还在忙着与我们互动。我们感觉就像在用吸盘洗冷水澡。

我们互动了大概三分钟后，迦梨突然击出一颗水弹。我们所有人身上都溅到了水，但安娜的脸才是被直接命中。她全身湿透，冰冷的咸水从她乌黑的头发和鼻尖滴下。足足一秒之后，安娜才发出一声惨叫：“啊——！”

过了好一会儿，我们才反应过来发生了什么事。起初我们以为她大叫是因为被迦梨泼了一身水，但马上就发现，迦梨的三条腕足正像捕蝇草一样紧紧裹着安娜的左臂。我们赶忙把这些腕足剥下来，每剥掉一个吸盘，就发出仿佛吸水管爆裂的巨大声响。安娜远远避开水族箱，开始检查她的左手，表现出的冷静令我印象深刻。安娜的拇指第二关节上有两条压痕，那是迦梨上下颚骨留下的印迹。

玛莉安在水池里帮她清洗受伤的部位。尽管安娜的皮肤被咬破了，却没有流血。这可能与她的低血压有关。

安娜并没有感到过分疼痛，也没有对迦梨感到恐惧，但我们其他人都受到了惊吓。克莉斯塔在外面过道听到这里的骚乱，马上冲了进来，帮我和威尔逊把章鱼塞回水池里，盖上桶盖。这并不是一件容易的事：迦梨一看见盖子要被盖上，就开始向外攀爬，好似啤酒往杯子外面溢出的泡沫。她的腕足紧紧抓着盖子和咸水桶的边沿，抓回去的速度与我们三个人六只手剥开她吸盘的速度旗鼓相当。互动竟然以这种方式迅速结束，让我的心情非常低落。但对于迦梨来说，这无疑是今天最有趣的事情。她显然还想继续玩下去。

然而我们得先去照顾安娜。水族馆的两名急救员以最快速度来到安娜身边。迦梨咬安娜时，他们正在楼上。安娜现在看起来很紧张，因为她不想让这件事情闹大，也不想惹麻烦。最重要的是，她不想失去和迦梨互动的机会。

急救员却非常担心。伤口比鹦鹉咬的还要小，但这毕竟是章鱼咬的，上次发生这种事情还是十年之前，当时格温娜维尔咬伤了比尔。“你觉得头晕吗？”工作人员问安娜。虽然在各种章鱼当中，太平洋巨型章鱼的毒性对人类的威胁差不多是最小的，但注入毒液的伤口还是要好几个星期才能愈合。毒液也可能会造成神经过敏，就像一部分人被蜜蜂蜇后可能产生的后果一样。“你有没有一种烧伤的感觉？”急救员问。安娜说并没有。他们很快发现，迦梨只是轻轻咬了安娜一口，而没有深深地咬进肉里，注入毒液。所以安娜安然无恙。

但威尔逊还是吓坏了。“迦梨变得有攻击性了！”他惊讶地说，“我可是和上百只章鱼互动过。我孙女三岁的时候就跟一只章鱼有过互动！”在威尔逊的经验中，迦梨是最平易近人的章鱼之一，她和人类互动的频率比水族馆历史上的任何章鱼都要高。

发生了什么？迦梨是不是把安娜的手当作鱼了？但这种错误是不可能发生的。就连我们在进化中丧失了化学感受器的笨拙手指，都能摸出人类皮肤和布满黏液的鱼鳞之间的区别。莫非迦梨只是随便咬了安娜一口？但当时我们其他人的手也都在水族箱里呀，她本可以轻松地咬到我们任何人。迦梨可以用虹吸管精确地喷出水柱，而在咬安娜前，她特意喷了后者一脸。也就是说，迦梨是故意要咬安娜，也只打算咬她一个人。为什么迦梨要咬这个温柔又聪明、可爱又成熟的女孩呢？

我在想，或许这是因为安娜患有颤抖的毛病。丹尼发抖的时候，迦梨也喷了他。但更有可能是因为安娜所服用的药物。安娜在接受不同的治疗，而她的医生经常更换治疗的药方。或许迦梨能够尝出这些味道，因此被频繁更换的药物所误导。也许今天安娜的味道与平常不太一样。事实上，这种猜测也许是对的，因为安娜告诉我，她的医生最近的确换了处方药。

我们早早地去吃午餐，以便安娜能放宽心，明白她并没有做错什么。我们讲述了各自被不同生物袭击的经历。水蟒凯瑟琳在斯科特带她去照X

光时咬了他。（爬行动物不喜欢跟冷冰冰的金属台接触。）我在家的时候被一条龙鱼咬伤，手上缠了绷带去上健美操课，还为此受到了大家的赞誉。龙鱼是生活在亚马孙流域的一种食肉鱼类，那时我去非展览区喂他，他却从水族箱里跳出来袭击我。

安娜被很多动物咬过，其中包括一条南美食人鱼（piranha）——这条鱼是她在跟斯科特的可持续渔业发展组织一起去巴西的路上，从鱼钩上取下来，然后带回来的。水族馆里的一条小鲨鱼也咬过她。搞笑的是，她还被一只鸡咬过。她似乎很乐意在这张名单上再加上章鱼。

“被咬的时候其实还挺兴奋的。”克莉斯塔说。大部分人恐怕并不这样认为，但在一起吃饭的我们却都表示赞同。被咬也是一种亲密的互动，特别是和无恶意的海洋生物在一起时。即使是大白鲨对人类的“攻击”，也被看作一种试探，而不是猎食。这也许就是迦梨咬安娜的原因。

在淡水区的非展览区，一个年轻的志愿者用黑色荧光笔在墙上画了一只卡通电鳗。电鳗头上有一条闪电，旁边写了一句话：“你被电过没？”

我当然被电过，被一只名叫托尔的电鳗所发出的，高达六百伏的电流击中过。（托尔在非展览区，而另外那只正在展出的电鳗名叫密特斯。）当我刻意伸手摸托尔柔软光滑的后脑时，他放电电了我。（“用你的右手去摸，”斯科特开玩笑似的跟我说，“因为左手离心脏更近。”）当时的感觉就像是把手指伸进了插座。从某种意义上说，被电鳗电过，仿佛就意味着有资格进入某个特别的团体。

有的人被咬纯粹是因为太喜爱鱼类，胆子太大造成的。但大多数咬伤还是意外，我们都知道大多数意外发生在你懒散或大意的时候，这不是什么值得骄傲的事。不过，咬伤是一种接触的证明，尽管这种方式有可能非常危险，但在大多数人逐渐远离自然界的当下，我们至少还有体验的机会。尽管水族馆里的动物是被圈养的，但他们本质上还是野生动物。一个被鱼或者章鱼咬出来的伤口就像一纸证书，证明我们急不可耐地想要与野生动物接触，想要献身给他们，被咬成碎片也心甘情愿。

◇ ◆ ◇

在奥克塔维娅产卵的暑期，我发现变化无处不在。

章鱼是精通变化的大师。有一天，我发现奥克塔维娅白得像一张纸——之前我只在她的皮肤上见过一些白色斑点。章鱼在变老时，皮肤会频繁地变成白色，这是因为随着年龄增加，肌肉会减弱对色素细胞的控制，而正是这些细胞使章鱼的皮肤呈现出不同颜色。另一天，我又发现奥克塔维娅右边的第三条腕足的末端不见了。这是不是章鱼变老时正常的生理现象，而我们只是被章鱼不断移动的腕足弄得眼花缭乱，才从没注意到它呢？朱莉·卡鲁帕是威斯康星大学的一名医科学生，同时也是一名潜水员。据她记载，太平洋巨型章鱼的一根腕足断掉之后，短短六周之内就能重新长出三分之一。蜥蜴重新长出来的尾巴不如原来的，性能要差一些；但章鱼与蜥蜴不同，他们再生的腕足完好如初，有完整的神经、肌肉、色素细胞和吸盘。甚至是雄性章鱼用于生殖活动的那条腕足——交接腕，也能够再生（只是据说需要的时间会长一点）。

迦梨也在继续让我们感到惊讶。有一天，我们发现她在瞄准我们。当时我和威尔逊在一起，克莉斯塔、玛莉安和安娜刚过来和我们会合。威尔逊刚打开咸水桶的盖子，迦梨已经在桶顶的边沿了。她的身体呈现为红褐色，正滴溜溜地转着眼睛，好奇地看着我们。盖子揭开的瞬间，两条、三条、五条腕足，接着她的整个身体都快要冲出桶外。她想用吸盘抓住我们以及任何她能接触到的东西。我们轻轻地把她的吸盘从桶的外壁揭开，希望诱使她满足于和我们玩耍，而不是想要逃跑。她用扭动着的腕足触碰了一会儿我们的手，随后翻转着沉入水底，就像一个要求得不到满足的孩子坐在地上发脾气。然后她又浮起来，吸盘在上，随即全身膨胀，就像一把撑开后倒放着的雨伞。她的虹吸管摇摆着瞄准我们，我们还没反应过来，她就喷出了一股急流。

我们四个女人的鞋子和裤子沾湿了，威尔逊却几乎被淋成了落汤鸡。他是迦梨最喜欢的人，通常每天都是他先给迦梨喂鱼吃。

"她是故意冲着我来的，"威尔逊说着，脸上还在淌水，"这家伙越来越麻烦了！"

这次迦梨又是为什么喷水？是不是因为每次她想探索世界的时候，我们都把她推回水族箱，让她生气了？还是说她只是在闹着玩？

我倒觉得另有原因。我猜她之所以把我们当成她的水枪靶子，是因为想要毛鳞鱼。我说出了自己的猜测："估计她是想让你给她鱼吃吧？这是她最想要的东西。"

鱼类大餐离迦梨所在的咸水桶也就是一条腕足那么远。威尔逊抓起一条毛鳞鱼，递到迦梨的吸盘上，随后克莉斯塔在她柔软的白色吸盘上又放了一条鱼。迦梨立刻安静下来。她躺了下来，舒展腕足，特意让我们看到了她光亮的黑色喙状嘴。即使是威尔逊，也是第一次从活的章鱼体内看到她的喙——后者通常掩藏在章鱼腕足的交会点。在这亲密的时刻，章鱼与我们彼此信任，向我们露出了自己体内这一令人惊奇的部位。我们眼看着鱼从一个又一个吸盘依次传到了迦梨嘴里，八厘米长的毛鳞鱼在十秒内被吃得一干二净。吃第二条鱼时，迦梨稍稍放缓了速度。在她咀嚼的时候，粉红色的内脏从她的喙状嘴中挤了出来，但随即整条鱼也慢慢滑进了她的嘴里……先是银色的鱼眼，然后是头顶，最后完全消失。

从那以后，每次拜访迦梨，我们都立刻献上一条鱼或是一只鱿鱼做见面礼。迦梨于是不再向我们喷水，整个夏天我们相安无事。

这些天除了我们，还有很多人来看迦梨——参观者可能太多了一点，令威尔逊有些担心。他怕迦梨受到过度的刺激，于是盖上了桶盖。

有时，我们给迦梨喂完了食物，而奥克塔维娅的水族箱前人满为患，冷水区和淡水区也没有任何迫切任务的话，安娜、克莉斯塔和我就会去水族馆的其他水族箱前游览一番，像是女孩们在市中心的商场橱窗前闲逛。不过对我们来说，每一个水族箱更像是交叉路口的车站，是各种生物爱好者的聚集地。我们在这里都非常虔诚，领受着奇妙瑰丽的海洋的一次次洗礼。

在奥克塔维娅旁边的第二个水族箱里，有一层18米长，仿佛镶嵌着珍珠和钻石的薄纱，漂浮在一条长约一米，身体扁平的鮟鱇鱼上方。这条鱼身上的颜色、纹理和水族箱底的碎石相似，嘴里布满了细长、锋利，朝后弯曲的牙齿。这层薄纱来自于她的身体，看上去像钻石的是气泡，珍珠便是她的卵。这是一件相当精致且纯天然的物品，比任何婚纱的裙摆都要美，却来源于这样的一只生物，实在令人难以将二者联系起来。这让我想起了苏珊大妈的天籁，那时她已经四十七岁，是个邋遢的无业游民，却在2009年英国达人秀的舞台上用歌声征服了世界。

九年来，比尔一直在关注这条鮟鱇鱼，而且知道她怀孕了。上周末，他带着一群青少年参加了一次野营探险活动。充满挑战的活动进行了很长时间，尽管如此，他还是在周日晚上赶来检查这条怀孕的鮟鱇鱼。“我很紧张，”他告诉我们，“她的块头实在太大了。”上一条鮟鱇鱼是这条的两倍大，我们只能把她运到魁北克更大的水族箱里。那条鮟鱇鱼产卵后身体便下垂了，于是接受了修复手术。第二年，她的卵卡在了体内，就好比人类婴儿卡在产妇骨盆处的位置，兽医又给她做了切除手术。第三年，她产下第三批卵后，兽医切除了她的两个卵巢。那条历经艰险的鮟鱇鱼前后挺过了三次手术，但是比尔不想让这条年轻的鮟鱇鱼承受同样的痛苦。

“她看起来很难受，”比尔说，“她的样子就像是刚吞了一个篮球。她甚至都没法待在水族箱底部休息。”前一天晚上再次检查时，比尔终于松了口气——他发现她产下的卵漂浮在水面上，就像夜空中的银河。但和奥克塔维娅产的卵一样，这些卵也未能受精。但这个缺陷不会削弱它们产生的神秘感，也不会有损于它们惊人的美丽。

闻所未闻的奇妙事物随处展现在我们眼前。在叶海龙馆中，负责生育幼崽的是雄性叶海龙。幼崽从雄性叶海龙腹部——类似袋鼠的育儿袋中钻出来。在巨型海洋馆的珊瑚群里，有一种叫做尖嘴龙的鱼类。这种鱼类出生时是蓝色或棕色的雌性，但不久后就会变成雄性。就连最常见的海洋生物都堪称奇迹。就拿水母来说吧，他们中有许多就是在这里出生的：卵子和精子相结合，一开始是一种浮游生物，继而变成棕色斑点形态，寄居在水下的岩石或码头桩脚上，就像珊瑚虫一样。他们起初看起来就像粘在鞋底的污泥，最后却会变成比天使还要美丽的生物。

有一天，我、克莉斯塔，还有安娜一起站在巨型海洋馆前，观赏里面畅游的海龟和鳐鱼。我说：“在海洋里，似乎一切皆有可能。”

“你想不想真的和海洋生物在一起？” 克莉斯塔说。

“你想不想在真正的海洋里，和他们一起畅游？”安娜说。

“那么……有了！这个夏天，我们一起去学水肺潜水吧！” 我提了个建议。

在乔斯·墨辛第尔餐厅聚餐时，我们把这个计划告诉了斯科特和威尔逊。这是一家墨西哥和爱尔兰风味相结合的餐厅，也是我们最喜欢的餐厅之一。斯科特非常赞同我们的计划。斯科特的研究工作就经常需要进行水肺潜水，潜入较深的海域收集数据。其中一项研究在西印度群岛展开。标准的水肺潜水安全规则禁止个人单独潜水，于是斯科特和另一个研究员成为了搭档，后者的潜水研究多半在黎明时分进行——虽然据斯科特说，几乎每个人头天晚上都会出去聚会到半夜。斯科特的搭档是一位非常出色的潜水员，无须监督指导，但斯科特依然忠于职守，每天清晨四点半陪他到潜水地点：离水面约2.4米，位于一个岩拱之下的水下洞穴。每当斯科特疲惫不堪，他就会戴上水肺箱和呼吸调节器，穿上浮力背心，来到岩拱下面，趴在脑珊瑚（brain coral）中间睡上两个小时。然后他的搭档会把他叫醒，一起回到酒店。斯科特说：“有时候半夜在床上醒过来，我会一下子忘了自己在哪里，就开始到处找我的呼吸调节器。”

我想知道，如果在潜水时想要咳嗽或者打喷嚏应该怎么办。斯科特说：“不用担心！就算你在水下想吐，他们也会教你正确的方法。”在巨型海洋馆里，一些购买了潜水特许证的业余游客在潜水时，确实发生过这种情况。

“噢，天哪！”克莉斯塔叫出声来。

“怎么了？”我急忙问道。

“好戏开演了。”斯科特回答。

奥克塔维娅把一条腕足放在身下。另一条腕足上有二十八个大吸盘，其中有的直径超过2.5厘米。她在这些吸盘的帮助下紧紧贴在巢穴顶部的岩石上，还有一条腕足贴在墙上。奥克塔维娅腕足之间的皮肤像窗帘一样悬挂着。上午8：25，她的腕足开始用力地扫过离我最远的那簇卵，动作非常敏捷，让我联想起妇女用吸尘器打扫百叶窗或窗帘的画面。奥克塔维娅的这个动作持续了两分钟，然后开始用虹吸管对着那些卵喷水。难怪她的卵看上去一直这么白净。可是，她如何确保不把这些卵串从岩壁上冲掉呢？

奥克塔维娅的展箱内亮起了柔和的灯光，这是工作人员正准备迎接参观者的到来。奥克塔维娅把水吸进鳃里，身体也随之膨胀，套膜就像一株盛开的粉红杓兰。我数着她每次憋住呼吸的时间，16秒，17秒，15秒。一根腕足的末端打成了结。然后她又解开了这个结，让那根腕足变成三个圈的螺旋形，就像一个人在信手涂鸦那样漫不经心。

奥克塔维娅又做了个深呼吸，连续三秒钟吸入海水，她的身体像气球一样鼓起。她的腕足几乎全都静止不动，只有左前方那根腕足还在清理位于展箱后部的卵。

上午9：10，我听到了今天第一名小游客的响亮叫声。我和奥克塔维娅的独处时光就要结束了。但是接下来的一个小时也十分珍贵：在奥克塔维娅的水族箱旁，虽然被拥挤的小孩和大人挡住了视线，我却可以沉浸在强烈的情感、勾起的记忆，或是产生的误解之中。那是游客们因章鱼而生发的情绪，如海啸一般将我淹没。

“这里有章鱼！”一位年轻的女士喊道。

“真漂亮！”她旁边那位长满胡须的男士说。

“样子有点恐怖，不过也挺漂亮的！”他们身后的一位高挑的女士说。

“这个就是章鱼吗？”一个小男孩指着奥克塔维娅水族箱的底部问。

“不对，这个是海葵。”他爸爸回答。

“他是章鱼的敌人吗？”小男孩焦急地问。

我向小男孩指了指角落里的奥克塔维娅，又指了指她的卵。

“哇哦！”他大声说，“我是一位科学家，救援动物，探索海洋！”说完，他转身跑开，身后跟着急忙追赶上去的父母，拯救海洋去也。

上午9：20，一个三口之家来到我身边。“啊！章鱼！”妈妈看到水族箱旁边的标志大声说。可他们起先并没有看到章鱼在哪儿，于是我向他们指了指奥克塔维娅和她的卵。他们看起来异常兴奋。

“会有小宝宝吗？”那个八岁左右的男孩问。

“不会的，”我解释说，“因为没有爸爸，所以也就没有小宝宝。那些只是卵，就好像母鸡不需要公鸡，也能自己下出蛋来。”

这让男孩感到失望。“她应该找个男朋友！”男孩喊道。

他爸爸也表示赞同：“为什么不帮她介绍个对象呢？”

我承认这是一个浪漫的想法，但还是告诉他们，在水族馆里给章鱼盲目配对，比在野生环境中危险多了。因为他们待在一个封闭的环境里，如果看不上对方，不可能像在大海里一样喷个墨就跑。他们可能会武力解决，最后其中一方被吃掉。

“能不能给卵注入精子呢？”男孩的妈妈问。

不能。因为跟鱼类不同，章鱼卵受精必须发生在产卵之前。

而且我突然发现，真把卵全部孵化了，还会产生更大的问题：

“如果孵出来10万只小章鱼怎么办？”

“卖给别的水族馆啊！”男孩的爸爸说，显然很有商业头脑。

这家人都特别关心奥克塔维娅的卵，甚至有点过头了。我猜他家的冰箱里肯定有一盒尚未孵化的鸡蛋，这个他们倒没操心。这也许是因为他们看不到鸡蛋他妈，而章鱼卵的妈妈就在面前。总之，他们对奥克塔维娅的卵有着美好的祝愿。他们一家人看起来很幸福，自然也希望奥克塔维娅能拥有同样的幸福。

奥克塔维娅用离我们最远的腕足抚摸着她的卵。她上下翻转过来，将吸盘弯曲起来，清洗着她的卵，然后又将身子翻转回原状。她的眼睛上方伸出两只“角”——其实那是软的，是皮肤突起的部分。

“呕！我打赌摸起来肯定很恶心！”一个十几岁的女孩说。她和另外两个女孩在一起，都穿着紧身牛仔裤、短外套，画着浓浓的眼妆。我看了看说话的女孩，她的脸皱成一团，满是嫌弃。

“但是你们看，”我说，“看到她的卵了吗？”我指着奥克塔维娅的巢穴，从穴顶垂下大片大片的白色小球。“这些是她的卵，总共有上万个。对每一个卵她都精心呵护。”

“真的假的！”最先讲话的那个女孩说。

“太酷了！”她的一个朋友说。

她们的脸舒展开来，起先因为厌恶而噘起的嘴轻轻张开，眼睛的瞳孔也张大了些。

“是真的——看见了吗，她正在用腕足抚摸她的卵呢。那是在把卵的表面清理干净，确保能吸收充足的氧气。”

“哇！”女孩们说话的声音变得非常轻柔，就像面对着一只小狗。一分钟前，奥克塔维娅还是个黏糊糊的怪物。现在，她是一位令人尊敬的母亲。

“需要多久卵才能孵化呢？”女孩们问。

我摇了摇头，向她们说明这些卵没有受精。在其中一个女孩眼里，我看到了闪烁的泪花。

我给她们讲解了一些关于章鱼的小知识，希望能给她们留下好印象，激发她们在这方面的兴趣。我向她们讲述了奥克塔维娅的毒液、喙状嘴和伪装的方式。然而女孩们不怎么说话了，年轻的脸板了起来，眼看就要失去兴趣。

奥克塔维娅把一条腕足伸到套膜里。我说：“也许她在挠痒痒。”女孩们的脸色又柔和了些。“对呀！”一个女孩说。她们都会心一笑。

她们并不想听奥克塔维娅和我们的不同点，而是想听听我们有哪些共同之处。她们知道身上发痒的感觉，也能想象做妈妈是什么样子。与奥克塔维娅的短暂邂逅已经改变了她们，至少她们现在不再反感章鱼了。

她们都拿手机拍了照片，走的时候也和我道谢。

“请照顾好这位可爱的妈妈。”一个女孩温柔地对我说。

随着八月份临近，趁新英格兰的海水还没有变得寒冷而汹涌，我们要认真地学习水肺潜水了。对安娜来说，如果她的晕厥症状没有得到控制，水肺潜水是很危险的，所以只剩下我和克莉斯塔去学。我去了斯科特推荐的一家潜水用品店，注册学习潜水课程。这家店在萨默维尔市附近，店名叫“潜水员联盟”。

晚上六点十五分我回到水族馆，发现正在举办“青少年感谢之夜”活动，这是每年水族馆专为表扬年轻的志愿者们而举办的晚会。我悄悄地穿过一群正在聊天的家长和孩子，来到奥克塔维娅的水族箱前。奥克塔维娅的身体正处于膨胀状态，她的皮肤不像平常那样满是褶皱或突起，而是非常光滑，就像一只吹胀了的气球。

但我显然错得离谱，那更像是一个巨大的肿瘤，或者因疾病而肿大的内部器官。我看不见她的鳃、虹吸管和眼睛，因此感到更加忧虑。她就像生病的小猫小狗那样面对着墙壁。奥克塔维娅所有的吸盘都向内，贴着她的卵或是巢穴的岩壁，只有一条腕足的一部分垂在外面。我的头灯发射出红色的光，在这样的光线下，她的身体呈现出淡粉色，血管呈褐红色，就像老妇人腿上的蛛网状曲张静脉。她的腕间膜呈灰色。

我从没见过她这个样子，心里一片茫然。她快死了吗？我很无助，因为任何人在这种情况下都无能为力。雌性章鱼在产下卵的数月之后就会死亡，这个事实没有人能改变。

但我不想看着我的朋友死去。

像是对祈祷的回应一样，威尔逊突然出现在我身边。他的孙女索菲是在今天的晚会上受到表彰的年轻志愿者之一。他并不知道我在这儿，只是想来看看奥克塔维娅。

“这太奇怪了，”他关切地看着奥克塔维娅说，“我以前从没看到过这种纹理。但是你要记住，你正看着她走向生命的尽头。如果这就是结局，你会怎么做？”

我不想表现出痛苦，增加威尔逊心头的负担。毕竟他和他的妻子正面临着同样的问题。他的处境令人悲伤，却无法分担。

我们俩一言不发地站在那里，看着章鱼。奥克塔维娅真的有思想吗？如果有的话，我能明白她的想法吗？在她那孤独而神圣、私密而晦涩的心灵舞台上，正上演着什么样的剧目？我们究竟能不能了解其他物种的内心体验?

对于研究而言，学习、关注、记忆和感知——这些都是非常重要的课题，值得进行研究，也相对容易了解。但是澳大利亚哲学家戴夫·查莫斯声称，意识是“一大难题”，因为每个内在的自我都是如此私密。其他哲学家认为，“自我”是一个并无依据的概念。“科学并不需要内在的自我，”心理学家苏珊·布莱克摩尔写道，“只是大多数人都确信我们拥有它。”

布莱克摩尔写道：“自我，只是一个短暂的印象，随着每一次个人经验而产生，又随之消逝……内在的自我是不存在的，它只不过是平行的多重心理进程，使我们产生了良性的内心错觉——一种有用的幻觉。”她认为，意识本身只是一个幻觉。

佛陀否认永存的自我。在生命的尽头，自我会融入永恒，就像一颗盐融进大海。对一些人来说，这可能会使他们沮丧。但是在永恒的海洋中失去孤独的自我，又何尝不是一种释放、一种启迪，仿佛一个奥妙的诺言。

傍晚7：05，奥克塔维娅的一条腕足开始移动，慢慢抚过离玻璃窗最近的卵。她的身体依然肿胀着，面对着墙壁，看不见有呼吸的动作。她腕足上的一个吸盘搭在巢穴上面，整个身体看上去就像被一根钉子固定住的蚊帐。

到7：25的时候，她的身上长出了一些乳头状突起，但它们的数量不多，体积很小。我们从来没见过她的皮肤如此光滑。

接着在7：40的时候，奥克塔维娅突然开始扭动。我看见了她的一只眼睛的条状瞳孔。我和威尔逊深吸了一口气，感到非常惊讶。她身上和头上的乳头状突起也变大了。她把一条腕足伸进了张开的腮里。她的腕足开始有力地动来动去，然后把脸转向了我们。这时，我们看到了她的卵——有成千上万颗！

奥克塔维娅似乎已经从昏迷中醒了过来。突然，她向四周伸展开腕足，不断摆动，看起来就像一位跳着康康舞[①]的舞者，而她白色的吸盘就像随风飞舞的百褶裙。接着，她打了一个台风似的喷嚏，用力从虹吸管中喷出咸水，以及各种形状的白色纤维。这些纤维是什么？粪便吗？还是卡在她腮里的泥？现在奥克塔维娅又重新开始清理她的卵，并用吸盘抚摸它们。

危机终于过去了，威尔逊离开这里，返回他孙女的身边。8∶15，奥克塔维娅把身子倒挂在巢穴上，舒展开她的腕间膜，像毯子一样覆盖着卵。她现在看起来又是一只非常健康的章鱼母亲了。我只看得见她的几颗卵，像是项链上用黑线穿起来的小珍珠。到8∶20，她似乎睡着了。我也快睡着了。今天晚上，我会住在街边的旅馆里。我想在第二天早上水族馆一开门的时候就看到她。

第二天早上7∶00，我回到奥克塔维娅身边的时候，她的身上满是乳头状突起，和昨天晚上看起来完全不同。奥克塔维娅为自己换上了一身新装，皮肤上出现了深色的斑块，看上去非常美丽。她不仅是一只健康的章鱼，更是一位勤劳细心的母亲。她的一条腕足轻轻摇动着靠近玻璃窗的那簇卵，就像一位母亲坐在公园的长椅上，摇着婴儿车里的宝贝一样。她身后的腕足又是怎样呵护那些我无法看到的卵呢？水族箱里还没有开灯，我也没戴头灯，什么都看不到。

“每天早上我来看她的时候都很紧张。”身边传来陌生的声音，这是

① 起源于法国，原是一种轻快粗犷的舞蹈，主要动作是踢腿。——译者注

一位我没见过的实习生。“我好怕自己进来的时候发现她永远沉睡在箱底。”她说自己有一次替比尔清洗章鱼水族箱，发现奥克塔维娅的卵变少了。有些卵掉到了展箱的砂石质底部。我们不知道奥克塔维娅是否注意到了这种情况，也不知道这种情况是否令她担忧。

对于每个在这里工作的人来说，奥克塔维娅产卵一事让他们既喜且悲。所有的员工和志愿者现在都对她关爱有加。

“你觉得她能认出我们吗？”一个清洁工问，她每天早上都会清扫奥克塔维娅的水族箱，“她能感觉到我们在这里吗？”

我回答说：“应该能。但是我不知道她还有多在乎我们，因为她现在要忙着照顾自己的卵。你觉得呢？”

“我觉得她会注意到我们的，我知道章鱼都很聪明，”那位清洁工说，“我每天都会来看看她，她也会看着我。不知道为什么，我就是觉得她认识我。”

奥克塔维娅那只正对着我们的眼睛从银色变成了铜色。我不确定她究竟是在看着我们，还是在盯着一个地方发呆。她看上去健康而强壮，可是又有点像进入了某种假死状态。她呼吸的频率变成二十秒一次，二十四秒一次，十五秒一次，十八秒一次。是不是像一些年轻的人类妈妈一样，正处于“护卵期”的奥克塔维娅，变得不那么活跃了呢？我有些朋友就是这样，原本十分外向，喜欢社交，但生完孩子就变了一个人。女人无法抱着孩子专注地看上两个小时的音乐会，哪怕这两个小时里孩子一直在睡觉，只是偶尔咂咂嘴，呜咽几声。人体的激素在临盆期会发生改变，其中会出现大量的催产素——即通常所说的“拥抱激素（the cuddle hormone）”，这可能会导致人的性格发生转变。很可能有类似的激素在影响着奥克塔维娅。事实上，章鱼确实有与催产素相似的激素，科学家称之为“章鱼催产素（cephalotocin）”。

“我们已经在章鱼体内发现了所有种类的激素，这是我们期待已久的事情。”詹妮弗曾在西雅图研讨会上这样对我说。那次章鱼研讨会上还有一项研究报告曾详细说明，西雅图水族馆的研究人员是如何发现了雌性章鱼体内的雌性激素和孕酮，雄性章鱼体内的睾丸素，以及章鱼共有的应激激素和肾上腺酮。

詹妮弗说：“激素和神经递质这类化学成分与人类的欲望、恐惧、爱、欢乐和悲伤息息相关；对于其他物种，其功能也高度一致。”这就意味着，不管你是人还是猴子，是鸟还是海龟，是章鱼还是蛤蜊，伴随内心深处的感受而表现出来的生理变化都是一样的。即使是没有大脑的扇贝，当有天敌接近时，他们的小心脏也会加快，就像你我被抢劫犯接近时心跳加快一样。

“呕！一只章鱼——好恶心啊！”一个大约6岁的小男孩在我身后叫起来。接着另一个声音在我身边响起：“我觉得她今天看起来特别漂亮。”这是安娜在说话。

“有段时间，我每天都会很早就到这里，然后在奥克塔维娅的水族箱前面待上一整天。”那个小男孩走开后，安娜说。“当时我最好的朋友刚刚自杀。”

“哦，安娜，”我轻声说，“这真是太糟糕了。”

“她成绩优秀，又有很多朋友。大家都认为，如果我们当中有一个会自杀，那肯定是我。”安娜继续说道。

安娜总是觉得身体不舒服。她常常被头痛折磨，那种感觉比毛毛虫在脖子上爬还要难受得多。她经常失眠，还经常意识混乱，感觉脑子不够用。对于自闭症患者来说，这些都是常见的问题。再加上青春期的内分泌失调，似乎就更加难以忍受了。

我们站在那里，注视着奥克塔维娅。安娜告诉我，在她的朋友自杀前，她也曾试图自杀。

我震惊地转过身，面对着安娜，然后指了指奥克塔维娅。“你忍心离开她吗？”

安娜说：“那时我对这里还不感兴趣，我多么希望那时就知道，人类目前为止只探索了5%的海洋……”

她的声音变小了，但是我知道她现在心里在想什么。如果她把这件事的重要性告诉她的朋友，也许那件事情就不会发生。有谁愿意离开这浩瀚无边，精彩纷呈的蓝色星球呢？河流、海洋可以洗去所有悲痛，治愈任何伤口，让所有的灵魂都焕然一新。

对于安娜来说，在某种程度上，也的确如此。稍后在凌晨2：30，安娜给我写了封邮件，里面告诉了我更多的事。

“我最好的朋友叫夏利亚，”她写道，“事发的前一天晚上我刚刚见过她。”第二天早晨，安娜很担心，因为前一天晚上夏利亚告诉安娜，她会在男朋友家过夜；同时她对安娜的父母说她会回家；对她的父母，她则说自己会待在安娜的家里。但是夏利亚并没有在以上任何地方过夜。直到早上，她都还没回家。

那天是星期一，大家过一会儿就会给安娜打个电话，告诉她事态的最新进展。当安娜正在给一只名叫蒙提的亚马孙鲶鱼喂食时，突然接到了夏利亚姐姐的电话，证实夏利亚并没有去她男朋友家。安娜写道：“就在那一刻，龙鱼咬了我一口，而鲶鱼想让我抚摸她。我却哭了起来。”

安娜心烦意乱，不能再继续工作，所以她妈妈开车到水族馆接走了她。在车上时，夏利亚的姐姐打电话说她找到了夏利亚留下的遗书。他们在一个小池塘里找到了夏利亚的尸体，从安娜家到那个池塘，步行只需要十分钟。

安娜打电话给斯科特和戴夫，说她第二天不去参加志愿活动了。不过斯科特和戴夫都说，如果安娜觉得对自己的情绪有帮助，就请过去参加。她确实也去了。而且第二天又去了一次。戴夫告诉安娜，她可以和奥克塔维娅一起玩，于是在那个星期三，她一直待在冷水区工作。

安娜在邮件中写道：“在那之前，我已经把奥克塔维娅从水族箱里取出来过无数次，感觉自己已经很了解她了。我想她察觉到我有些不对劲。她比往常温顺得多，还把腕足放到我的肩膀上。不知道为什么，我总觉得她能明白我的感受……和一个生物长时间相处之后，你会逐渐了解对方平常的行为，也会发现在不同情况下，有哪里表现得异常。”

邮件中还说，“当我在她旁边时，我发现自己会更多地表达出情感。我伤心的时候，颤抖的毛病也会加重，还会感觉四肢无力，体温下降。但只要她一出现，我就感觉不用再憋住呼吸压抑自己了。我会放声大哭，但马上又会忍住眼泪，因为旁边有只章鱼在盯着我看呢。”

除了参加夏利亚葬礼的那天，那一周，实际上整个五月份，安娜都一直在水族馆做志愿者，从不缺席。

那一学年剩下的时间，安娜都非常痛苦，需要不时服药来缓解疼痛。然而只要在水族馆里，她就没有这个需要，甚至去做志愿者的前一天都不会想要用药。“我的感觉就是，在水族馆的时候，什么都不想，一门心思待在那里。”她说。

她的字里行间透露出和年龄不符的智慧：“那是我人生中最糟糕的一个夏天，但在水族馆里的日子，却成了我人生中最美好的时光。那些日子让我懂得，幸福和悲伤并不相斥，而是彼此交融在一起。”

这正是我们望着奥克塔维娅时，内心情感的写照。这个与我们如此不同的无脊椎朋友，在生命的最后一刻，仍满怀着坚韧温柔的母爱，照料着她的孩子。那场面令人心碎，却又无比神圣。

在经典儿童小说《秘密花园》里，弗朗西丝·霍奇森·伯内特描写了知更鸟蛋的美丽与庄严：“假如那个花园里还有一个人未曾发自内心地明白，一旦鸟蛋被拿走，整个世界都会天崩地裂，走向末日……那么，即使在金色的春光之中，幸福也将荡然无存。”

蛋里蕴含着生命最初的爱恋，保护蛋也是爱的首要任务。爱是如此古老，如此纯洁，如此永恒，千百亿年来在无数的物种间传递不息。难怪圣徒们会说——真爱不死。

安娜也明白这个真谛。当奥克塔维娅在照顾未受精的卵时，安娜去了她朋友的墓地。她告诉我，她想找一些特别的、美丽的礁石，带到墓地去。她明白，爱存续于世间万物，就连死亡也无法将它抹去。

尽管奥克塔维娅的卵永远不可能成功孵化，但她对这些卵一直悉心照顾，呵护备至，让我们的心中感慨万千。这是一只成年雌性章鱼，在她短暂而奇特的生命末尾，在死神来临之前，所仅能做的事。

关于爱的事。

◇◆◇

八月的最后一个星期三，项目及展览副总裁比利·斯皮策头戴一顶安全帽，身穿橘色的救生衣，向前来参加“棕袋午餐交流会”①的全体工作人员和志愿者宣布：“这是自水族馆建成以来最大的一个项目，甚至比当初建设水族馆的项目还要大——因为我们现在要一边建设，一边继续对公众开放。”

许多动物都要移动——包括莫特尔和她的海龟同伴、鲨鱼、鳐鱼、海鳗，还有上百只大大小小的珊瑚鱼。他们将被临时安置到企鹅馆。企鹅馆容积约415升，温度本来为企鹅设置为21℃左右，此时会调节到适合热带鱼生存的25℃。

为了腾出空间，80只非洲企鹅和南大西洋跳岩企鹅已经在上周转移到位于昆西的水族馆动物养护中心。小蓝鱼将会转移到新平衡海洋哺乳动物中心一层的一角。

工作人员把天花板上吊着的鲸鱼骨架放了下来，这里稍后会换上新的照明设施。

经受了四十年来咸水的浸泡和压力的冲击后，巨型海洋馆螺旋通道的六十七块玻璃面板将会拆除，取而代之的是比玻璃更清亮的亚克力面板。

在接下来的九个月到一年的时间里，水槽里两千只经过雕刻加工的珊瑚中，将有三分之二被移走，再放入两千个崭新、更加柔软和艳丽，也更易清洁的珊瑚雕塑。

当这个耗资1600万美元的项目竣工时，巨型海洋馆将会从里到外焕然一新。它将更加便利，更具观赏性。不仅如此，由于新的珊瑚雕塑里为小

①午餐交流会（lunch presentation）是一些欧美企业在午餐时间举行的活动，目的是让大家能在轻松、非正式的气氛下进行交流。具体内容则因企业而异。——译者注

鱼设置了很多额外的藏身之地，水族箱内可容纳的动物数量将是之前的两倍。

“这是一个重大的契机，”副总裁对全体员工说，“但我们必须承认，这同时也会带来压力。”

有些员工已经在为这些改变而感伤，有些在谈论心理学上的“失落感”。在足足九个月的时间里，当工作人员和游客进入展区时，将会没有企鹅向他们表示欢迎。在未来一年的大部分时间里，水族馆的中心区域将不会开放。工作人员最喜欢的一些动物将会移出展区。为了给头戴安全帽的建筑工人和他们笨重的设备腾出空间，人员和动物都不得不挤在一起。曾经的美丽将变得丑陋，曾经的静谧将变得嘈杂。所有的一切都变了。

副总裁告诉我们，水族馆改造项目将于下周星期二开工。

当时的我并没有意识到，不久之后，我自己身上也将发生一场改变。

Eggs

◇ ◆ ◇

潜水

在海洋里呼吸的艺术

我快要淹死了。

嗯……其实没那么夸张。但是我的呼吸道里确实有水。我现在在水下4米的地方，好像还有越来越多的水灌进来。对于这种情况，我通常的对策是把头探出水来喘气，这在过去的半个多世纪里都屡试不爽。但是我的潜水教练却吓坏了。

“不，不行！你不能这么急地浮上来！”我刚浮上来呼吸新鲜的空气，那个带着法国口音的年轻人就警告我说。

“不好意思，”我轻笑了几声，“水进到我的呼吸调节器里了。这是为什么呢？”

后来另一个教练告诉我，我的问题跟沉船一样——漏了条缝隙。我的嘴巴张得太开了，需要更加用力地咬紧呼吸调节器。之所以没有咬紧，似乎是因为我在水下常常忍不住想笑。

我只是在麻省理工学院的游泳池里练习，却已经非常激动，一直陶醉在水陆两栖的转换中。我想象着不久的未来，畅游在珊瑚群和鱼群中，和鲨鱼、鳐鱼、海鳗做伴——最让我兴奋的是，也许还有章鱼。每次想到这里，我就忍不住像个精神病一样傻笑。

我几乎面临着淹死的危险，脸上的笑容却怎么都抹不去。那个法国小伙告诫我：“一步一步慢慢来！”然而对我来说，佩戴水肺潜水已经是飞快迈出的一大步。

按照斯科特的建议，我在波士顿近郊参加了一个水肺潜水强化课程——可惜克莉斯塔没有来，她在最后一刻不得已取消了课程。虽然我想念我的朋友，但是我并不担心上课，因为我一直以来都喜欢待在水里。虽然我不是一个非常优秀或强壮的游泳者，但至少无所畏惧。从暹罗湾到浑浊的亚马孙河，我一直坚信，只要遵守游泳的第一原则，就不会有问题。这个原则是：不要试图在水下呼吸。

然而水肺潜水却要求我必须这样做。

戴着水肺潜水时，一切都与陆地上截然不同，也与普通的游泳差别颇大。水肺非常笨重，看起来还有点吓人。让我们来看看这些装备吧——接近18千克重的氧气罐、浮力调整背心（或者是增加了额外配重的浮力调整器）、橡皮软管、测量器，还有挂在管子旁边的吸嘴，这些管子就像昏昏欲睡的海鳗。整套装备要经过七个复杂步骤才能完成佩戴，其中任何一步没处理好，你都会遇到大麻烦。要知道，我前后读了两次高中，最后毕业时也没搞懂柜子上的密码锁怎么开。对我这样一个人来说，这套装备简直就是无法破解的难题。

穿上租来的潜水员服后，我感觉整个身体都不像是自己的了。巨大的潜水脚蹼像是小丑的鞋子，面镜挡住了周围的视野，透过调节器发出的呼吸声听起来像星球大战里的黑武士在喘气。浮力调整器上配有空气袋，通过给空气袋充气或放气，你就可以用从未体验过的方式上下游动。我戴着被别人吐过口水的面镜（吐口水是为了清除面镜上的雾气），穿着别人尿过的湿漉漉的紧身潜水衣（据说所有潜水员都这么干过——不是在游泳池，是在海里），还有一个被别人呕吐过的调节器。穿上这套装备，我就不应该正常地游泳，而是应该像袋鼠一样缩起双臂，光靠脚蹼来拨水前进。

水中的一切看起来都不对：所有东西都仿佛离我更近，而且比平时大了四分之一。听起来也不对：声音在水中的传播速度要比在空气中快上4倍，而且辨不清来自哪个方向。感觉起来也不对：因为这不是常规的游泳运动，身体不会随之变暖，热量会以比空气中快上25倍的速度散失掉。尽管水池里的温度有27℃，并且我们还穿着紧身潜水衣，但到第一次试潜结束以后，每个人的嘴唇都冻得发紫了。

但我还是在挑战几乎无法完成的任务，而且兴高采烈。

直到水开始往调节器里灌了进来，我才慌了神。

我以为随着这个周末课程的进展，到后面会相对轻松一点，然而我错了。

◇◆◇

课程结束之后，每个人都累得够呛。就连身体健壮的主教练，20多岁的贾宁·伍德伯里，也承认她几乎累瘫了，耳朵还受了伤。我的耳朵也是。最要命的是，我在下水的前一天晚上吃了一片安眠药，因为疼痛使我无法入睡（后来我才知道这十分危险，有可能损害到我的心脏或肺）。但是当我听说（虽然听力变得有点差）年轻教练的耳朵也受了伤之后，我感觉好多了。大概耳朵受伤是不可避免的吧。然而我又错了。

疼痛并没有减轻，但是令我惊讶的是，我能够组装好自己的装备了。我已经学会熟练地清理我的调节器，以及对浮力调整器充气和放气。我感觉自己很强壮，并且已经准备学习新的技巧，包括如何用紧急空气供应器呼吸。让我激动的是，这个供应器叫作“章鱼”。但是我感觉耳朵快要爆炸了。

我用手势在水下告诉教练“耳朵听不清楚”。贾宁让我用手捏住鼻子，向鼻腔内鼓气。这是一个平衡压力的技巧，叫作捏鼻鼓气法（Valsalva maneuver）。我特别使劲地去做，随即就听到脑袋里一阵雷鸣般的噪声。“好了没？”她用手势问我。但是现在耳朵更疼了。我指了指我的耳朵，比画着“出问题了”，接着再次鼓气。

贾宁曾经亲眼见过她的一个学生耳膜破裂。她回忆说：“当时在水下，我看到一个个气泡从他的耳朵里冒出来，看起来很恶心。”这肯定非常疼。不幸的是，因水肺潜水造成的永久性耳损伤并不像我们所希望的那样少见。斯科特就是因为耳朵受伤，再也不能潜水了。那时他在马萨诸塞州水域执行常规考察任务，收集布满海藻和海绵的珊瑚活石，带回水族馆，然后装到30米深的水族箱里，当作生物滤池。在上浮过程中，由于压力变化造成的“反向挤压”，斯科特的耳蜗严重受损。医生叮嘱他从此禁止潜水。

我往上浮了60厘米左右，然后又试了次捏鼻鼓气法，还用了弗伦泽尔动作。弗伦泽尔动作是将下巴晃着圈移动，就像一条蛇要吞下比自己的头还大的动物，来尝试打开咽鼓管。

“好了吗？”贾宁用手势问我。

我摆了摆手，表示还没好。我又试了次捏鼻鼓气法。我试着再往下潜一点，希望能借助水压的增加进行一次“反向挤压”，解决耳朵疼痛的问题。然而这并没有解决问题，反而使耳朵疼得更厉害了。我再次缓慢地上浮，用手捏住鼻子，一直在鼓气。

“好了吗？”

不，我一点都不好。无论我做什么，耳朵里面的压力都让我疼得眼前发黑。

我从水里出来，闭着眼睛，弯着身子坐下。我很难受，这不仅仅是因为耳朵疼，更是因为潜水学习眼看就要失败。我是多么渴望能够进入奥克塔维娅和迦梨的世界啊。但这副笨拙的身子骨和一对呼吸不畅的肺阻碍了我，让我学不会如何在水下呼吸，也就没法了解做一只章鱼是什么感觉。我希望与那些生活在大海里的野生章鱼相遇。

我去冲了个澡，脑海里不断重复着布列塔尼渔民祷告词里的第一句话，刻有那首祷告词的一块铜板曾放在约翰·肯尼迪的白宫办公桌上——

“上帝啊，大海那样浩瀚，我的船却如此渺小……”

我渴望离开这艘小船，进入上帝创造的浩瀚大海，就像一只呼吸自由、畅游无阻的海洋生物，哪怕每次只有一个小时。可是学不会水肺潜水，我怎么能做到呢?

接着我感觉到一阵眩晕和反胃。

当年斯科特的耳蜗受到损害的时候，疼痛也曾伴随着眩晕感袭来。他浮出水面就吐了。

但我决定再尝试一次。我的教练建议我用阿氟林，这是一种飞行员常用的鼻用喷雾。我摇摇晃晃地走到药店，买了这种药，顺便买了一份保健便当。我先前吃的午餐全吐出去了。

贾宁委婉地建议我放弃。我不想耳朵失聪。

我有三个聋人朋友，他们头脑聪明、性情坚韧，但在这个有声世界里仍然举步维艰。所以我接受了贾宁的建议。我尚未完成课程的前半部分，便早早打道回府。

我带着挫败感，缓缓爬进自己的车里，才发现自己头晕得开不了车。

我带着边境牧羊犬去树林里漫步，驱车返回之前，我在汽车的后排座位上铺了条毯子躺下，牧羊犬也坐在毯子上。每次我俩一起去森林，她的爪子和腹部总会沾满泥巴。闻着她身上的气味，我瞬间平静下来。休息了半个小时后，尽管我的耳朵还是疼得厉害，但是眩晕缓解了不少，能够开两个小时的车回家了。

我再次回到水族馆已经是下一周的周三。一切都改变了。巨型海洋馆的顶层已停止向公众开放，水族箱旁的走道上盖着白布，另一侧正在进行施工工事。每个容积为300升的塑料桶分散在周围，准备用来装鱼。顶楼散放着许多大木箱，大部分珊瑚礁将装在箱子里运走。

奥克塔维娅待在一个陌生的地方，离她的巢穴更远了。可以看到她身边至少有15条卵串，其中一些长达约23厘米。她的身体悬挂在一根腕足上，仿佛人类躺在吊床里，几乎一动不动。

水族馆里安静得有点不自然，仿佛这里已经废弃，参观者寥寥无几。斯科特在图森开会；比尔在佛罗里达度假；安娜回去上学了。企鹅馆里没有了企鹅，只剩下莫特尔和几只小海龟。

莫特尔是昨天才被转移到企鹅馆的。一位潜水员用莴苣将她引到了一个内部呈海龟形状的白色塑料箱中，箱子的手柄上安装了减震装置，箱体上开有水可以流通的孔洞。就在莫特尔吃莴苣的时候，另一个潜水员推着龟壳，将重达250千克的莫特尔转了个方向，轻轻地推进箱子里，再将她吊出水面，推到电梯里，坐电梯上到企鹅馆。水一涌进箱子里，莫特尔就开始用脚划水，呼呼有声。四位潜水员中的一位抬起箱子一角，这只冷静的老海龟便自信地游向她的新家，一副泰然自若的样子。

莫特尔的转移比我的潜水成功多了。我曾经希望，参加完周末潜水课程后能够学有所成，有所改变。但是当克莉斯塔和威尔逊问我的时候，我不得不告诉他们我失败了。

威尔逊曾经也潜过水，因此愈发同情我。

他说："这不是一项简单的运动。"他的女儿和儿子都是娴熟的潜水员，潜过许多次水——其中一次，他们的一位同伴死于减压病。

我们一起去看迦梨的时候，我讲述了自己失败的细节。在打开咸水桶的盖子之前，迦梨就跑到桶顶的边沿了，身体呈鲜红棕色，用金色的眼睛盯着我们。她显得相当活泼，伸出腕足，用吸盘紧紧抓住我们，这和上周完全不一样。

"放轻松，亲爱的!"威尔逊说着，赶紧喂了她一条鱿鱼和两条毛鳞鱼。迦梨飞快地用吸盘把食物送到嘴里，不到一分钟就吃完了。之后她开始专心和我们玩耍，抓住我们，轻轻往里拖，所有吸盘都在同时拥抱、亲吻着我们。我心里一阵舒坦。

克莉斯塔总是非常乐观，并不对我潜水失败感到气馁。她安慰我说："我知道你一定行！"实际上，我已经开始了下一个计划。

新罕布什尔州的梅里马克有一家潜水店，名叫"水下专家"，就在驶向水族馆大约一半路程的地方。我预定了从下周开始的私人课程——所以，在新英格兰的海水变得寒冷刺骨前，我还是有希望拿到开放水域潜水证的。我的教练也在我们水族馆当志愿者，我觉得这是个好消息。

事实上，水族馆里凡是要在周二上班的人都知道我的新教练。她叫多莉丝·莫里塞特，59岁，红头发，有一种促狭的幽默感，大家都叫她多莉丝大姐（Big D.）。她虽然身高只有1米53左右，却拥有睥睨四海的气势。多莉丝是一个非常耐心，效率很高的教练。她坦率地告诉我们，我们如今犯的错误，她也犯过。

还是个孩子的时候，她就迷上了法国著名海洋探险家雅克·库斯托以及电视剧《海上巡航》。她一直是个热爱海洋的游泳健将，不过直到50岁以前都没有想过，自己有朝一日会成为一个戴水肺的潜水员——因为电视上的所有潜水员都是男性。

后来，她在加勒比海度假时参加了一个叫作“水肺体验”的小型课程。大约30分钟的课堂教学后，她们小队上了船，大家穿好全套潜水服装，纷纷跳入水中。“除了我。”她说，“我吓得够呛，根本不敢下水。我就是做不到。”后来她又试了一次，参加了课程，在两名私人教练和一名营养师的指导下勤学苦练，第二年就拿到了证书。

到2010年，她已经是一名教练了。从那时起，多莉丝教了很多学生，他们都很感激她。夏天的时候，她每周都会带着学员在新英格兰潜水，自己也在世界各地潜水。我遇见她的时候，她已经完成了375次开放水域潜水。自2009年在水族馆做志愿者以来，她还在巨型海洋馆进行过180次潜水。

在“水下专家”潜水店又小又浅的水池里，我和她共同度过了轻松有趣的两个学期。但随着秋天临近，我变得越来越焦急，因为还需要完成四次开放水域潜水才能结业。多莉丝大姐原计划在大西洋水域完成剩下的两次潜水，但因巨大的海浪被迫取消。不过她为我想了一个解决办法：我可以去新罕布什尔州的都柏林湖考取开放水域潜水证——那里离我家只有几分钟车程。

可惜那时候已经是十月了，而那个湖的水源是泉水，水温只有约12℃。

古代的斯巴达人认为，冷水对所有东西都有好处，包括头发。事实上，冷水确实会引起生理变化，只可惜是负面的——其中之一就是众所周知的冷休克反应，即“当皮肤浸入冷水后，由于突然变冷而导致的一系列条件反射”。在此过程中，血压上升、心率加快、心脏负荷增加，这一切都容易造成心脏跳动过快而危及生命，或引发心脏病。同时，一篇网上的文章解释说，“这会先导致喘息，继而是急促的深呼吸。以上反应可能很快导致意外呛水和溺水。这种急促且似乎无法控制的过度呼吸会造成窒息感和恐惧感。它还会导致头晕、昏乱、方向感丧失以及意识模糊。”

我很庆幸，当时我还不了解这么多。

新英格兰海湾的水冷得刺骨，为了防冻，潜水员都穿了好几层氯丁橡胶。我准备租一套7毫米厚的套装式紧身潜水衣，外面再穿一套7毫米厚的长袖短裤“短版”紧身潜水衣。套装式潜水衣的裤子特别难穿，穿的时候就像尺码不合适一样，需要使劲拉扯，还会发出声音。但是多莉丝告诉我这是值得的：其实越是难穿，就越合体；越合体，就越暖和。因为这个商店可租的紧身潜水衣不多，而女顾客又特别少，所以我只租到了一套小号男款。关键是男款紧身潜水衣的胯部比较松垮，让我走起来就像穿着掉到了膝盖上的连裤袜。

我还要买潜水用的靴子、手套和帽子。戴这种潜水帽就像在头上套了一只外科手术用的塑料手套，耳朵紧贴在脸上，就像夹了法拉费的皮塔饼[1]；脖子也被紧紧地勒着。我感觉自己要窒息了，头被箍得像是要爆裂开来。我原希望戴上潜水帽以后，脸上的皱纹可以被拉平，让我看起来就像做了个拉皮手术——但悲伤的现实是，潜水帽使我的两颊挤向鼻子，看起来就像头夹在了正在关闭的电梯门中间。

① 法拉费和皮塔饼都是中东地区的特色食物。法拉费是一种油炸丸子，皮塔饼是一种椭圆形的饼，可以掰开以后往里面夹进馅料。——译者注

额外穿上的氯丁橡胶会增加浮力，所以潜水员需要增加相应的配重。除了14千克多的潜水设备和潜水服的重量，我还得往腰上再系一个带子。这会让我多承受大约32千克的重量，相当于我体重的57%。

增加的重量，冰冷的海水，新增的设备以及浑水里的低能见度，让我在新英格兰海湾的潜水成了不折不扣的技术活儿。多莉丝和我的前任教练贾宁都说过同样的话：“如果你能在新英格兰海湾潜水，其他任何地方都不在话下。”

多莉丝大姐和我一起把设备放进车里，从梅里马克河开一个小时的车到了都柏林湖。我再一次费劲地穿上了男士潜水服。在朋友和邻居经常走过的101大道旁，我挣扎着钻进我的氯丁橡胶服，祈祷千万不要有熟人开车经过，认出我来。

终于穿好了。我想，这玩意儿真是太难受了，不过也好，我可以光顾着衣服难受，忽略冰冷的湖水。我摇摇晃晃地走进湖里，一步步踩着石头，下到泥泞的湖底。有好一阵子，我的身体还是温暖干燥的，然后冰冷的水就开始渗进潜水衣里。

我满怀希望地记起，贾宁曾告诉我们，世上只有两种潜水员，一种是在紧身潜水衣里撒过尿的，另一种是不承认在紧身潜水衣里撒过尿的。啊，37℃的尿液是多么的温暖，我真后悔下水前没多喝点水！

第一天雾很大，还下着雨，多莉丝大姐一直絮絮叨叨说个没完：“在水下往上看到的雨滴真是太美了！”我侧着身子潜入水中，在水面与水底之间保持着悬浮状态。我的腿冷得抽筋了。

在这浑浊的水里，如果我的教练游到离我3米以外的地方，我就会完全看不到她。

奇迹出现了：我展现出的潜水技能全都达到了多莉丝的要求。二十分钟后我们浮出水面，多莉丝宣布，我们下一次潜水将会“轻松愉快”了。我们可以去那个由新罕布什尔州渔猎部管辖的湖里寻找大鲈鱼，那里也有内陆的鲑鱼。

这会儿，在这浑浊的水里，我什么鱼都看不见。但是多莉丝大姐有一点说得对，在水下看到的雨滴真的很美。

两天之后，我又回到水里，为最后一次潜水进行练习。我已经没有心思找鱼了，只盼望潜水快点结束。

但是就在那时，一条15厘米长的鲈鱼径直游向我的面镜。

在我与野生动物相遇的经历中，这一次与以往完全不同。

通常来说，你第一次见到的野生动物都会在远处，如果幸运的话，他会主动靠近你或者允许你接近他。但是他们从来不会出现在距你仅有几十厘米的地方，直勾勾地盯着你。搞不好这条鲈鱼是被突然出现的我吓了一跳。有人说，因为鱼类的脸不像人类一样灵活，所以他们没有面部表情，但事实并非如此。那条鱼分明一脸疑惑地看着我，好像在说：“你这家伙来这儿干什么？”

我们对视了几秒，直到我们中的一方眨了眨眼睛。鉴于我是有眼皮的那个，所以这事儿应该是我干的。然后这条鲈鱼一个激灵就游走了。

但这条鱼有理由感到高兴。因为在那天——拿到开放水域潜水证的那天——我才是上钩的那一个。

回到水族馆的时候，工作人员已经把巨型海洋馆中所有的鱼都撤离了。10月2日早上10：00，他们拔掉了那个容积为75.7万升的水族箱的塞子，水位以每分钟3厘米的速度下降。最后，潜水员顺着梯子到达低水位，用网网住游速奇快的大海鲢（tarpon）与各种鲳鲹。当我在都柏林湖潜水的时候，比尔整个周末都和同事一起，从下午3：00工作到9：00，捕捉那八只每只长达1.2米、重达18千克的大海鲢。他说："他们块头太大了，很难搞定。"

"这就是要把他们留到最后的原因。"

每一次转移都充满意外和危险。起先在九月份时，一个四人潜水队，三名兽医，一个十三人的后备小组，一名管理员以及几名志愿者齐心协力，才把两只90厘米长的黑吻真鲨（black nose shark），一雄一雌，从巨型海洋馆移了出来。

连续几周，潜水员们都试着让鲨鱼熟悉网里的环境。他们把网放在水里，好让鲨鱼不再害怕。前一天，这个团队成功地转移了那些窄头双髻鲨（bonnet head shark）。但是据管理员丹·劳克林说，黑吻真鲨要更敏感些，尝试转移他们可能会把他们吓坏。受惊的鲨鱼几乎是抓不住的，所以丹不仅向大家介绍了计划A，还准备了计划B、计划C和计划D。（计划B和C即用网或隔断板减少鲨鱼的活动空间，把他们集中起来；计划D就是等到水族箱的水接近排光时再下手。）比受惊的鲨鱼更难处理的是受伤的鲨鱼——如果他们撞到珊瑚雕塑锋利的边缘，很容易就会受伤。"不要冒进，"丹对两个拿着巨大捞网的潜水员说，"除非你们有百分之百的把握能抓到他们。"

计划很简单：两个拿着渔网的潜水员——莫特尔的朋友雪莉·弗洛伊德和昆西水族馆饲养员莫妮卡·施穆克，面对面地站着。她们的对面是珊瑚雕塑，雕塑的中心是一个深槽。第三位潜水员在深槽附近徘徊，将一条鲱鱼戳在长杆尖端，用来引诱鲨鱼。一旦成功吸引到鲨鱼的注意，潜水员就会连长杆带鲱鱼扔进已经布置好的渔网中，然后大家等着鲨鱼毫无防备地游进去。

计划实施了。最开始鲨鱼好像对鲱鱼不怎么感兴趣。他们围着长杆游了一圈，两圈，然后是第三圈。但是人们此前确认过，鲨鱼确实很饿。突然，那只雌性黑吻真鲨，在第四次经过的时候，直接游进了雪莉布好的网中。雪莉熟练地将渔网兜了起来，递给水面上的同事，然后这位同事迅速把鲨鱼运送到水族箱中。送水大部队早就用抽水泵给水族箱装满了咸水，并把水族箱提前安置在了升降梯里。

每个人都认为第二只鲨鱼多半更难抓，然而雄鲨仅仅绕着杆子转了两圈，就游进了莫妮卡的渔网中。他比之前那只雌鲨更大，而且强壮到可以冲出渔网，所以我们的心一直悬着，直到有人又加盖了一层渔网，才松了口气。在潜水员结束工作走进浴室之前，这两只鲨鱼已经在去往昆西的卡车上了。

虽然转移鲨鱼还算顺利，但转移大海鲢可就没这么轻松了。他们必须将麻醉剂溶到水里，让大海鲢变得迟钝。结果有一只大海鲢再也没能从麻醉中苏醒过来。

比尔心里非常难受。早些时候我去看他，他正轻轻地抱着那条他照顾了很久的鲑鱼，兽医在用一根管子给鱼喂食。

“他什么都没吃。”比尔担心地说。这条鲑鱼的病症比较典型：鱼眼里有个气泡，因此疼痛难忍，也就没有了食欲。现在他正在接受类固醇眼药水的治疗，一旦药效发挥，身体康复以后，首要的任务就是恢复体力。在康复后，他再次回到非展览区，回到与一条棕色海鳗和一条同类鲑鱼共同生活的地方（鲑鱼和海鳗都是缅因州的常见物种）。在那之前，比尔都担心得要命。

并不是所有的动物饲养机构都对生病的动物如此关心。在20世纪80年代初，我有一个朋友在一家小型动物园工作。有一次他们的袋鼠生病了，她给澳大利亚的一家动物园打电话求助：“如果袋鼠生病了怎么办？”对方回答：“一枪崩了它，重新抓一只。”

但是在新英格兰水族馆，每只动物，无论多普通的动物，都会得到关爱，受到专业的照顾。每个人都爱惜这些动物，不愿看到他们生病和死亡。比尔照料的一条鲈鱼做了外阴切开手术，还在术后康复中。其他鱼都产下了鱼卵，但是她的鱼卵却被困在体内，撑破了她的泄殖腔，肠子因此暴露在外。水族馆里的兽医查理·英尼斯像以往一样，认真、专注地给这条鲈鱼做了手术。查理性格开朗，带点孩子气。水族馆每年都会救回来许多濒危的野生海龟，由他进行治疗，痊愈后再放归大海。

手术过后一个多月，这条10厘米长的鲈鱼康复了。今天，比尔用勺子轻轻地把她从康复水族箱里舀出来，放入一个蓝色的桶里进行麻醉，这样两个穿着手术衣、戴着手套的兽医才能给她拆线。一个兽医把她放在一块黄色的海绵纱布上，另一个帮她剪断手术缝合线。很快，她就会被放到非展览区的一个水族箱里，与海腮共居。海腮是一种漂亮的软体珊瑚虫，形状看起来就像是古时候人们使用的羽毛笔。

比尔指给我看了鲈鱼将要搬去的水族箱，同时他正准备将迦梨转移到它旁边的水族箱里。那里过去曾住着圆鳍鱼和美洲大绵鳚（ocean pout），现在则住着许多刚从太平洋西北展馆运来的白海葵。

但是什么时候给迦梨搬家呢？曾经的小章鱼现在已经不算小了。

我们去看她的时候，她是那么活泼热情，还会在我们的胳膊和手上留下吮吸的痕迹。但是我们都很担心在这个又小又无聊的桶里，没东西可玩，没地方可躲，也没东西可看，她很可能会因此而抑郁。

且不谈巨型海洋馆改建工程所造成的拥挤，不久之后，比尔将要去缅因湾进行水族馆的年度大采集，带回来更多的动物，让各个水族箱变得更加丰富多彩。

我热切地盼望能在辽阔的海洋里看见一只章鱼，但目前只有咸水桶里的迦梨能给我一些慰藉。我不知道我的愿望将在何时，以何种方式实现——我未来两周的新任务是在尼日尔做一项关于沙漠羚羊的调查。世界上最远的距离，就是身在沙漠中，心却在海洋里。

但当我从水族馆回到家，却立即听到一个令人震惊的消息。基地组织在马里附近的特务已经潜入尼日尔，恐怖分子在劫持外国游客，所以我的工作任务被取消了。撒哈拉考察之旅将被加勒比海潜水之旅代替，我可以去海里找章鱼了。

每年秋天，梅里马克那家潜水用品店都要组织去科苏梅尔岛的短途旅行，因为科苏梅尔岛是世界上最好的轻便潜水地点之一。这个小岛距墨西哥尤卡坦半岛19千米，科苏梅尔岛珊瑚礁国家海洋公园即以此岛得名。公园里有世界第二大的堡礁，面积约11700公顷，是世界上最清澈的海域之一。令这个公园引以为傲的是，它拥有约26种珊瑚和500多种鱼类，人们在这里还有机会见到章鱼。

“一般来说，偶遇一只章鱼的概率是很小的。”商店老板巴布·西尔韦斯特说。跟我聊过的大多数潜水者都表示赞同。比如说，这位老板花了25年时间在全球各处潜水，只见过一只章鱼，而且还没等他靠近就喷出墨汁跑了。“但是在科苏梅尔岛，”巴布说，“我们晚上潜水的时候，经常都会见到好多章鱼！”对于章鱼这种很少现身的物种来说，“好多”可能仅仅意味着两三只，但已经令我激动不已。

11月份的第一个星期六，我在新罕布什尔州曼彻斯特的机场见到了我的队友。今年我们一行八个人——我觉得八是一个幸运数字——去科苏梅尔岛：除了我和多莉丝，巴布和她丈夫罗布，还有三个潜水员以及一个潜水员的配偶。刚开始我们都兴奋不已，活力四射，但等到在墨西哥移民局办完拖沓的手续，终于抵达科苏梅尔岛的水肺俱乐部，准备试潜的时候，我面对自己在真正大海里的首潜，已经变得精疲力尽、头脑呆滞。此时天也开始黑了。

昏黄的灯光下，这些装备看起来十分陌生，复杂得难以捉摸。我把浮力调整器缠在了氧气筒的侧面，多亏多莉丝大姐帮我弄好了。不过她自己也累得够呛，连紧身潜水衣都穿反了。我反手拧上我的橡皮管，却不慎弄破了一个O形环。

这不就是挑战者号爆炸的原因吗？[①]这下我的氧气筒开始漏气了。我拖着氧气筒回潜水店换了个新的，拧上橡皮管。然后我戴上面镜和石灰绿色的脚蹼，穿上新的黑粉色紧身潜水衣，摇摇晃晃走到岸边，跳进了加勒比海。

大量的海水猛地灌进鼻子里，把我呛得半死。我浮到海面上，不停咳嗽，海水的味道就像鼻血。我扯掉了调节器，大口呼吸“真正的空气”。多莉丝大姐给了我一个“下去”的手势，可我就是沉不下去！

其他潜水员冲过来帮我，有人去潜水店拿来更多的配重物。罗布把它

① 1986年1月28日，挑战者号在进行代号为STS-51-L的第10次太空任务时，因为右侧固态火箭推进器上面的一个O形环失效，导致一连串的连锁反应，最终爆炸。——译者注

们塞到了我的浮力调整器里。因为海水的浮力比淡水大很多，入海需要足够的重量，所以我必须进行这次试潜。但我还是沉不下去。罗布再给我加了一千克的配重物，然后又加了两千克。

现在彻底变黑了，我什么也看不见。海水不停灌进我的鼻子。因为自己的失误，我很害怕，脑海中一片茫然，濒临崩溃。

多莉丝大姐鼓励我："这可是你第一次夜间潜水哟！"有人拿来了一盏灯。罗布已经为我准备好了五千克的配重物。我跟着多莉丝进入海里，穿过一个水下拱门。飞翔在水中的那一瞬间，狂喜贯穿了我的心胸。

刚才我差点没法从折梯上跳出去，因为脚蹼卡住了。幸亏多莉丝大姐帮了我一把。我看了看潜水电脑，想知道自己潜了多久。1个小时？45分钟？屏幕上显示，我潜到水下三米处的时间总共两分钟——这甚至都不能被记录成潜水。剩下的时间里，我都挣扎着想浮出水面，喘着气干呕。

上帝啊，我明天可怎么办？

第二天早上，我在镜子前花了半个多小时，就像一个精心打扮自己的女学生。我整了整面镜，紧了紧带子，在马尾辫附近不停地调整，希望防止海水进入鼻子。早上8：30，我们将乘坐"星岩号"出发。维京式船体，长17米，15年前在美国专门订制，时速可达每小时20海里（约每秒10米）。我们那天的第一次潜水是放流潜水（drift dive），我们将随着海水漂流。我们下海后船就会离开，稍后再来接我们。我们将身处深海之中，远离所有的码头。

我们即将到达目的地时，魅力非凡、胸肌发达的潜水监察员弗朗西斯科·马鲁福对我们说："我们今天去潜水的地方叫埃尔帕索德赛达（El Paso del Cedral）。"那是一排长长的珊瑚礁，形状像脊骨一样。它的一边是较浅的沙质海底，另一边是较深的沙质海底。

“有一股洋流顺着这排珊瑚礁，慢慢地流过去，那里可以看见许多海鳗。大群的法国石鲈鱼在磨着他们的牙齿，有的是黄色，有的是蓝色。我们还可以看见许多红鲷鱼，还有——”弗朗西斯科特意看着我说，“还可以看见章鱼。”

他之前说过，他很喜欢寻找章鱼的过程。“如果你吓到他们的话，他们会突然瞪大眼睛，跟人一模一样。” 这里可能有四种不同类型的章鱼，但由于他们的形状、尺寸和颜色都会不停变化，事实上很难区分。

船长关掉了发动机。我穿好浮力调整器，扣好腰带上的尼龙纽扣，调整好胸带，除去面镜里的雾，戴上脚蹼。

“好了，出发吧。”多莉丝大姐说。我把面镜戴好，跟着多莉丝，从船上跳入海中。

面镜状况良好，我的呼吸十分顺畅。

我小心翼翼地往下看，发现了一个奇幻的世界，就像海报一样充满着迷幻的颜色和形状。只不过这里的颜色和形状都是活物：鱼群、螃蟹、珊瑚、柳珊瑚、海绵、小虾……珊瑚的口部就像巨人的嘴唇，其触角就像骷髅的手指。海扇轻轻漂浮着，看起来比上等的蕾丝还要精美。海沙的颜色就和新罕布什尔州的雪一样白，海水轻轻冲刷着绿松石。周围的海洋动物自由自在地游动着，对我们视若无睹。这里看上去就像通往另一个星球的隐形时空隧道。

尽管我在地球上生活了50多年，去过南极洲之外的所有大陆，但地球上的大部分地方对我而言仍是神秘的。

现在，神秘的面纱揭开了。上下左右都是鱼群，数量无穷无尽，我心中的恐惧消失了。

随即，弗朗西斯科注意到一条两米长的海鳗躲在暗礁下面。他看上去就像一条苔绿色的天鹅绒缎带。在他张嘴的时候，我能够看到尖锐的牙齿。斯科特告诉我，水族馆里曾经有一条温顺的海鳗，他喜欢把嘴张得特别大，让潜水员轻轻地在他嘴里挠痒痒，一副十分享受的表情。这种感觉就像是遇见了朋友的朋友。

弗朗西斯科有玛雅人的血统，我觉得他还有鱼的血统。他自由地在水中穿梭，就像当地人在为我们介绍他的邻居。我紧紧地跟着他，同时留心着多莉丝大姐的位置。

我们游远了一点。我注意到潜水电脑曾记录我们潜到了15米深的地方，然而我的耳朵并没有任何不适。现在弗朗西斯科转过身来向我们示意。他指向了一簇巨大的脑珊瑚——旁边的一个洞穴。

我看到了一只眼睛，然后是一根虹吸管。我伸出八根手指向弗朗西斯科征询，他点点头。这只章鱼有棕色的斑点，白色的吸盘。他从暗礁上移开一条腕足，往前移动，眼睛高高突起，盯着我们。他的头只有一个拳头大小。突然，章鱼变成了红色，然后变白，接着又呈现出蓝绿色的光泽。他退了回去，但洞穴中的眼睛还在盯着我们。之后，他又向外窥探，再次露出了头和套膜。

章鱼的虹吸管瞄准了我们，然后又移到一边。他每呼吸一次，鳃都会变成白色。光是看着他呼吸我就愿意一直待在这里，但是毕竟也应该让其他人看看这只章鱼。于是我游到一旁，朝弗朗西斯科比了一个手势——指尖轻轻重叠，掌心朝着胸口，在我跳动的心口前后摆动。这是我发明的新手势，弗朗西斯科却立即明白了，因为他看到了我脸上的狂喜。

从与雅典娜相遇，到认识奥克塔维娅，再到现在与迦梨彼此熟悉，时间已经过去了一年半。每一次我把手伸进水族箱，允许这些生物进入我们的世界时，我也在渴望进入他们的世界。终于，我来到了这里——躺在大海热情的怀抱里，置身于章鱼所属的水域。我在水中呼吸，吐出一个个银色气泡，就像一首飞扬的赞歌。

这里有许多奇物，例如隐藏在礁石下面那条漂亮的礁蟾鱼（toadfish）。礁蟾鱼曾经被认为只生活在科苏梅尔岛，他们外形扁平，身上是波浪状的蓝白细横纹，长着荧光黄的鳍，杠铃状的胡须。一条10厘米长的护士鲨睡在珊瑚礁下面，安静得像在做祷告。一条黄底深色条纹的斑点管口鱼（trumpet fish）游动着，长长的管状吻朝下，正尝试拟态成柳珊瑚，混进某个珊瑚虫群里。多莉丝大姐当即发明了一个手语：一只手成拳放在嘴边，握住另一只手的大拇指，另一只手剩下的四个手指则朝上摆动，就像是在吹奏管乐器。

一群粉红色和黄色的鱼从我们的面镜前缓缓游过，然后蓦然转向，就像飞翔的鸟群一样。

我从未见过这样如梦似幻的自然景观。我兴奋地陶醉其中，体验着这种奇妙的感觉——我的呼吸在头腔中共鸣，远处的声音在胸腔里怦然作响，眼前的一切事物看起来离得更近，变得更大。这一切就像是在做梦，所有的不可能都在我面前呈现，而我也毫不怀疑地接受了。在水下，我发现自己的意识状态已经悄然改变，感知的焦点、范围和清晰度都已全然不同。这是否就是迦梨和奥克塔维娅所感受到的世界？

海洋之于我，就像迷幻剂LSD之于蒂莫西·利里。这位心理学家和哲学家曾指出，迷幻剂在现实生活中的作用就好比显微镜在生物学中的作用：二者都能让我们得到从未有过的现实体验。萨满教巫医和英国17世纪的求正教教徒曾通过吃蕈类、喝药水、舔蟾蜍、吸烟和吸毒，来进入到正常情况下无法体验的状态。（有很多动物也会做类似的事情。比如猴子或大象会故意吃发酵的水果，以获得近似喝醉的状态。最近人们还发现，海豚会像人类传递毒品那样，用吻将有毒的河豚轻轻地传给下一个，彼此分享，一同变得精神恍惚。）

改变自己平凡的日常意识——并非所有人都有这样的欲望，但这种欲望却是人类文明永恒的主题。通过扩展意识，超越自我，可以减轻我们的孤独感，到达荣格所说的“集体无意识”。集体无意识是一种原生的、具有遗传性的集体意识，它存在于所有人的思维意识中，将我们和柏拉图所说的“世界灵魂”——无所不在，由一切生命共享的万物之灵——联系在一起。在某些文明中，人们被鼓励通过冥想、药物或“苦修”来改变自己的意识状态，同那些可能在日常生活中隐藏其智慧的动物进行“通灵”。

在水肺潜水时，我就改变了自己的意识状态，但这不是由服食药物所致。我清醒地沉浸在水中，自愿与海洋之梦融为一体。

谁说梦不是真实的？印度神话中的苦行者那罗陀仙人，得到了神祇毗湿奴的恩典，有幸与神同行。当毗湿奴口渴时，他让那罗陀去找点水来。那罗陀来到一户人家，遇到一位貌美如花的女人，被其深深吸引，忘记了自己是来找水的。随后，他娶了那位美人，他们一同种地，养牛，养育三个孩子。一次强季风来袭，村子里的房屋、牲口和村民面临着洪水的威胁。那罗陀一手抓着妻子，一手抓着孩子，但是由于洪水过于迅猛，他们失散了。那罗陀被卷入浪中，后又被冲到岸上。当他醒来时，他看到毗湿奴在他面前，仍然等着他去取水——在绘画作品中，这位大神常常沉睡在深不可测的大海里，他的梦境如水泡般涌出，幻化为大千宇宙。

回到“星岩号”的甲板上，我取下面镜，喜极而泣。

每天，我都陶醉在壮丽的奇景中：八厘米长的黄海马像负鼠一样卷着尾巴；六种不同的神仙鱼，背鳍就像婚纱的裙摆一样拖在身后；有的鱼有着黄色的嘴唇，有的鱼有着紫色的尾巴；有的鱼像鹦鹉一样色泽鲜艳，有的鱼形状好似一张光碟；有的鱼有着盔甲状的精致花纹，有的鱼有着豹纹和虎纹；有的鱼有着令人印象深刻的名字：军士长、蓝雀鲷、虎纹鮨、紫天堂、滑溜梭鱼……

那天晚上，我们去海里潜水。不一会儿我就掉队了，并在黑暗中误入了另一队。我内心忐忑不安，加之方向感迷失，只好游回码头，沮丧地放弃这次潜水。但罗布和多莉丝大姐回来找到了我。

罗布说：“我们去给你找只章鱼吧！”他抓着我的手，把灯光照向一条密斑刺鲀，这种鱼一受到惊扰就会鼓得像个气球一样；一条小丑鱼，他头上的鳍就像舵一样；还有一条幽灵般的南鳐鱼（southern ray），扁平的身体摊在沙质的海底……

突然罗布握住我的手，并将手电筒对着水底的某个东西。一开始我以为他想让我看那只橘黄色、胖乎乎的海星。但我随即注意到，在海星旁边，有团红褐色的东西从珊瑚缝隙中挤了出来。原来是只章鱼，他伸展开腕足，露出白色的吸盘，眼睛高高突起。被灯光惊扰后，他变成亮红色，缩回洞里，就像流进下水道的水一样消失了。

11月7日，星期二。弗朗西斯科在做潜前简报时告诉我们：“今天，我们要在哥伦比亚湾潜水。”

我在指导手册上看到过这个暗礁，它位于该岛最南端延伸入海的陡坡边缘，“斜坡和白色沙地上有巨大的珊瑚柱，隐隐约约地露出海面……”这个暗礁以异常庞大的飞碟珊瑚、蛇发女妖般的海扇、巨大的海绵和海葵而闻名。

“我们潜水的地方有很多石块，还有一个锚，”弗朗西斯科继续说，“我们将在水底集合，然后游过暗礁，到达斜坡。海底有很多尖锥形山包，上面还有突起，我们会翻越过去。你们有可能会看到海龟。上周，有25只大海豚跟在我们后面，一直到那片区域的中间地带。我们会看见鲨鱼和黄貂鱼，有时候也可能会在同一个地方看见10只龙虾。”

“我们要下潜24米。如果水流过急，就待在靠近暗礁的地方。当你上来的时候，要顺着水流漂上来。”

多莉丝大姐从船上跳进海里，我也跟着跳了下去。但我出了点儿问题。下潜到3米处时，我的耳朵开始疼了。我慢慢往上浮，捏住鼻子鼓气，想让耳朵好受些。但是不管用。我看见其他人都已到达水底。我努力下潜，但是耳朵太疼了。我向多莉丝示意“耳朵出问题了”，然后又跟罗布比画了同样的手势。

罗布示范了几个办法：把头偏向一边，然后再偏向另一边；不捏住鼻子，朝鼻腔内鼓气；往上升一点点然后再试一次。

但是这些办法都不管用。我想也难怪，毕竟我昨天潜了三次水（其中有一次是我这一辈子潜得最深的深度——26米），今天早上又忘了喷鼻塞喷剂。

我和罗布浮出水面。

“这个伤害会有多大？我还要继续吗？”我问罗布。

“你最好不要冒这个险。”罗布劝我放弃。

我心里暗想：明天晚上就要入海潜水了，这是本周偶遇章鱼的绝佳机会。我不能失去这次机会。

在船员的帮助下，我吃力地爬上船，坐在长椅上，双手托腮，手指磨搓着不争气的耳朵，黯然神伤。一个半小时后就要再次潜水了，我吞下一片速达菲（盐酸伪麻黄碱），希望药能迅速生效，让我的耳朵赶快好起来。

我希望时间过得慢一点，但它却转瞬即逝。在海洋中，水的重力和黏度可能使得时间减慢了。其实每次将手伸入迦梨或奥克塔维娅的水族箱中时，我便能感受到，时间是以一种不同于陆地上的速度消逝。

我在想，造物主的思考，也许就是以这种节奏来进行——这是一种有重量感、优雅而流畅的方式，就像血液的流动，而并非神经元突触的活动。在陆地上，我们像摇摆不定的孩子那样行动和思考，或者像沉湎于电脑手机的青少年，一心多用却不能聚精会神。但是海洋迫使你的行动变慢，更有目的性，也更灵活。一旦你进入海洋，你就会沉浸在一个优雅而充满能量的世界里，感受到陆地上没有的东西。潜水就像进入地表下一个广大无垠的空间，又像梦中的潜意识。臣服于大海深处的激流与水压，这种感觉既压抑，又自由。

一小时后，我的朋友们都回来了，但我的耳朵还是没有好转。我们队的另一名潜水员麦克的耳朵也受伤了，但与我不同，他坚持完成了这次潜水。遗憾的是他开始流鼻血，不得不放弃下次潜水。

弗朗西斯科向我们进行下一次的潜前简报：下次我们会在尤卡坦半岛公园潜水，那里的龙虾和礁蟾鱼很出名。遗憾的是，我和麦克将不能参加。

“我最期待下次潜水的后半程，”弗朗西斯科说，“到时我们可能会见到一只海龟，说不定还是只绿海龟。”

“就像莫特尔一样！”多莉丝大姐对我说。她说按照惯例，今天她本来应该在水族馆做志愿工作。“好想知道莫特尔今天有没有想我？”

“最多下潜15米。”弗朗西斯科说，“要小心。沙质的海底不结实，像流沙一样容易塌陷。”

然后，我和麦克眼睁睁地看着朋友们跨入绿宝石般的海水中。

这一次，我将看着朋友们潜水。此前每次潜水，我都在手忙脚乱地进行自己的准备工作。我们在船边走着，拖着巨大的脚蹼，这是一种叫“大踏步前进”的入水方式。这听起来很庄严，很有成就感，但是做起来却不是那么回事，连雅克·库斯托，走路姿势看上去都像巨蟒组（英国六人喜剧团体）一样搞笑。虽然我的朋友们都是经验丰富，姿势优雅的潜水者，但是现在看起来却可怜而无助，那心甘情愿却虚弱不堪的样子让我感到震惊。

但就在入水的那一秒钟，潜水员将获得新生，进入另一个现实世界，从蹒跚而行的怪物变成了轻灵优雅的存在。

或许，人死去的时候，灵魂就是像这样升入天堂？

又到了星期三，往常这个时候我会去看迦梨和奥克塔维娅。这天我们将要夜潜，这是一个全程观看野生章鱼的绝佳机会。大家都在讨论我的耳朵，麦克和罗布觉得我应该没事，但是多莉丝大姐和巴布强烈反对我参加早上的试潜，因为这次最深，有21米。在这之后，下午还有一次潜水。

下午潜水结束之后，夜潜之前，还有一次潜水（黄昏时分）。

于是，尽管我和朋友们一起来到船上，却没有参加早上的潜水。弗朗西斯科说过这里有绿色的海鳗，还有海龟和鲨鱼，我很伤心不能在水中与他们相遇。

这天波涛汹涌，水流湍急，每个人都赶紧从船上跳下，急着潜到巨浪下面。但是多莉丝大姐的装备出了点问题，浮力补偿器的充气软管不能正常地连接。两个水手帮她解决了这个问题。尽管他们像抢修队一样快速，多莉丝还是迟了一步，其他人都已下水。当她跳入海里，我焦急地看着她是否会加入其他人。但是海浪太大，我看不见气泡，也丝毫看不见我亲爱的教练的身影，不知道她是否加入了已不在视线中的队伍。船离开了这里，去接另一队人下水。我想多莉丝大姐一定知道应该做什么，尽管如此，我还是很担心她。

船长也十分担心。等送另一队人潜下去之后，他就掉头返航。但是这片海域挤满了船只和潜水员。

我们队在哪儿？突然，我们看见了一条长长的橘黄色象拔——我们叫它“安全香肠”，是一种水面观察信号标——挂在上面的人是，多莉丝大姐！她受伤了吗？

她没有受伤，但是掉队了。

“我一直找啊找，”她叙述着事实，“也不知道能不能找到他们。”

多莉丝大姐艰难地浮出了水面，然后上了甲板，一如往常地保持乐观：“嘿，我携带象拔有四年了，这还是第一次用到它！”

水手们搜寻着波浪上的嘶嘶声，和潜水员们吐出的气泡。最后他们找到了我们的潜水队——我那大心脏的教练也回来了，一点儿看不出狼狈的样子。

但是其他人今天可没有这么冷静。受碎浪和湍急水流的影响，许多潜水员都遇到了和多莉丝一样的问题。

第二次潜水的时候，我还是没有参加，在一旁看着水里挤满了“安全香肠”，比德国肉店里的香肠还要多。我们救起一名掉队的潜水员——一位年老的绅士，在这次潜水中很受了一番惊吓。

“往常当我浮起来的时候，我的船都会等着我。”他气急败坏地说。但是他不知道他的船和潜水监察员的名字。

我们船上正好有个空位可以安排他歇息，因为我们也有一位不幸的伙伴掉队了，我们叫他“恶心鬼”，因为他之前吐在了甲板上，然后居然还鼓励其他人也这样做。后来我们在其他船上看见了他，原来他上错了船。我们最后找到了那位老绅士的船，把“恶心鬼”接了回来，不过那家伙把配重带丢在别人的船上了。

在白天都有很多潜水者失踪，我很担心夜潜会发生些什么。

为了黄昏时分的那次潜水，我们相约下午3点钟在码头会面，因为我们到达潜水点还需1个小时的路程。弗朗西斯科说：“这个地方叫黛利拉。潜水深度不要超过18米。现在还早，天还没怎么黑。但你还是要带一盏灯，这样可以看到暗坑的里面。每天这个时候，都可以看到海龟向南游去，护士鲨在找睡觉的地方，还有鹦鹉鱼。如果水流太急的话，就待在暗礁旁边，明白了吗？”

我祈求耳朵不要出问题。在多莉丝大姐的注视下，我慢慢下潜，在这个过程中反复保持耳压平衡。到达底部后，我给她做了“可以了”的手势，同时注意到其他人也在关切地看着我，确保我一切正常。

40分钟转瞬即逝，尽管我的潜水电脑已经显示下潜深度达到27米，但我没觉得不舒服，反而非常兴奋，因为一大只蓝色的双色笛鲷（mutton snapper）一直跟着我们。随着光线越来越暗，我越发自信了。我能够完成夜潜了！接下来就看章鱼肯不肯配合，出现在我面前了。

天开始黑了，气温也降了下来。我们在甲板上等待，吸入的机械废气使我们血液中的氮含量有所增加。多莉丝大姐和我挤在同一条毛巾下面，身体颤抖着，咯咯地笑。

现在我开始紧张起来。我想到自己的耳朵可能犯病，想着这里这么黑，又是在晚上；还有，这是在海里。

弗朗西斯科把我们召集在一起，进行潜前简报。他说："我们几乎到了天堂：这个地方叫帕拉迪索，在西班牙语里就是天堂的意思。这里是科苏梅尔岛最适合夜潜的地方。我想我们很快就会看到章鱼和鲨鱼。你们在这里度过的每个夜晚都将不同。"

一个将会有许多章鱼的夜晚。在月圆之夜，章鱼将会出来捕食，因为月光可以为他照明。你可能会见到巨大的螃蟹和鱿鱼。还有尖尾巴的海鳗，看起来就像一条蛇。你可以在暗礁旁发现他的踪影。

"我们先在船后的水面会合，再一起下潜。把灯打开。在你做手势的时候，用灯照着你的手。当你浮出水面的时候，或者在上浮的过程中，打开头上的灯，这样船上的人才能发现你。"

"我有一盏橙棕色的灯和一盏绿色的灯。如果你见到这两种灯光，那就是我了。好了，我们出发吧！"

我们每个人都有两盏灯：一个手电筒和一根背上的荧光棒。我大步跟在罗布后面。由于夜潜有难度，他决定潜水全程都抓着我的右手。我们一起缓慢下潜。在1米深的地方，我开始做耳压平衡。压迫感向我袭来。我一口接一口地喘气，又下潜了一点。在3米深处，我向罗布示意"耳朵不舒服”。我们一起上浮了50厘米左右。我用了法兰兹耳压平衡法和捏鼻鼓气法。我将头偏向一边肩膀，接着又偏向另一边。这样感觉好多了。我把光源照在左手上，用手势示意“没事了”。我一点一点地下潜，30厘米，60厘米，90厘米。耳朵里一直有尖锐的响声。但只要疼不死我，我就要继续下潜。

最后，我和罗布一起潜到海底，同其他人会合。我们在黑暗中沿着珊瑚礁行进。我很庆幸他握着我的手，因为要在水下适应浮力，一边还要拿着手电筒看深度计，清洁耳朵，擦拭潜水面镜，借助手电筒微弱的光寻找动物。同时做这么多事情真的很困难。这种感觉就像是我坐在一个小小的太空舱里，前往外太空旅行。四周被阴沉沉的黑暗笼罩着，我的注意力完全集中在这微小的光圈上。

借着灯光，我发现了一只大螃蟹，一丛高耸的紫色珊瑚，还有条亮蓝色的神仙鱼！一群鲷鱼聚集在珊瑚群下。一只大螯虾挥动着触须。前方是同伴摄影机的闪光，就像一道热闪电，浮力调整器后面还拖着光尾。啊，一只章鱼！我抓紧了罗布的手，不过他早就看到这只章鱼从洞里爬了出来。这是只棕底白纹的章鱼，当他把腕足从洞里伸出来的时候，身体的颜色变得更浅了。

他先是伸出三条腕足，然后伸出脑袋；眼睛先是变成绿色，又变成棕色，直勾勾地看着我们，然后突然消失不见。

黄色的珊瑚虫伸展着他们的摄食触手。紫色和橘色的海绵紧接着映入我的眼帘。又一只章鱼！他突然睁开眼睛，然后又闭上。他的瞳孔呈条状，眼睛周围呈黄色。忽然，他皮肤上的斑点闪烁起来，就像繁星满天的夜空。不一会儿，他又退回了自己的巢穴里。

我拿着手电筒晃来晃去，发现弗朗西斯科正在与一只河豚嬉戏，不知他怎么办到的，河豚允许他轻轻抚摸自己的肚子。然而此时，罗布对着我不停地晃着他的手电筒，像是有什么事要说。原来在我们的正下方出现了第三只章鱼。

为了好好地观察，我头朝下，脚朝上，仔细观察这只章鱼。他比先前两只都要大，但是看起来并没有被我们吓到。他朝我爬过来，虹吸管并未对准我。他的皮肤上先变幻出条纹，然后变出斑点，让我感觉这是在试探我，想看看我的反应，就像科学家在进行实验一样。

我想待在这里，可洋流却不断将我冲开。还有罗布，他绝不会允许我们在黑暗中单独行动。我感觉这就像电影《日瓦戈医生》末尾的场景：在喧嚣的都市中，日瓦戈见到了他的挚爱娜拉——可我置身于海洋的掌控之中，被洋流推着前进，身不由己。

在灯光下，无数奇景一一在我眼前呈现。一条尖尾鳗，尾巴尖尖的，像扁平的桨。一群有条纹的石鲈鱼，其英文名“grunt”是因他们磨牙发出的声音而得名。接着，我又看见了宝蓝色的神仙鱼，巨大的海蟹。但是，我的耳压却开始作怪，让我无法集中注意力。我不停朝鼻腔内鼓气，想让内外压力达到平衡，脑袋里却并未出现奇怪的水声，而是一阵气泡声和刺耳的尖响，伴随着调节器的嘶嘶声，听上去就像是星球大战中黑武士的声音。要不是罗布一直拉着我，我可能就完全迷失方向了。

随后，第四只章鱼出现了。这次是在一块珊瑚礁的侧壁上！这只章鱼体形很小，非常害羞。透过珊瑚上的一个小孔，我只能看到他露出来的眼睛和腕足上的吸盘。

我的耳朵里又是一阵尖响，这时罗布比画了一个拇指向上的手势：是时候浮到水面了。我跟在他后面，缓慢地上浮，就像一个垂死的灵魂挣扎着不愿离开身体。我们看着自己吐出的气泡向上升起，留下一条条银色的尾迹，仿佛划破天际的流星。

Transformation

◇ ◆ ◇

离去

自由·渴望·逃离

潜水归来，回到水族馆后，我发现上了年纪的奥克塔维娅仍然精力充沛。她卷起自己的腕足，把嘴转向玻璃，向后翻转，倒挂着整个身子，看起来非常活跃。她的瞳孔变成横条状，身上浮现出斑驳的色彩，三条腕足拂过额头的位置。章鱼张大的腮犹如一个大水罐，她把一条腕足插进去，再从虹吸管处将腕足尖端伸出来，不停晃动，就像一个人在招手叫出租车。她把原来那条腕足抽了出来，又插入另一条腕足。此刻，她的颜色变浅了，身体随着呼吸急速胀大，同时通过虹吸管在用力呼气。她的瞳孔呈较粗的横条状，使她看起来显露出激烈的表情。

接着，她开始迅速旋转虹吸管，动作甚至比舌头还要灵活，让我看得眼花缭乱。她继续用不同的颜色伪装自己：眼睛也不再是横条状，身上浮现出星芒四射的图案。当她用腕足轻柔地把卵移到巢穴后面时，身上的斑纹就像豪华的波斯地毯一般绚丽多彩。她转过身后，我看到那些卵又向后移动了约60厘米。我告诉两个小孩和他们的妈妈，这些卵里面有成千上万只章鱼宝宝，他们对此感到非常惊讶。

在离我们头顶约半层楼高的地方，威尔逊打开水族箱，用长抓钩夹起鱿鱼，给奥克塔维娅喂食。我和孩子们在下面观看，他们目不转睛地盯着。当奥克塔维娅正狼吞虎咽的时候，向日葵海星朝威尔逊探出了足尖的管足。

我告诉孩子们："他想讨条鱼吃。虽然他没有大脑，但是他并不笨。快看！"

威尔逊体贴地递了一条毛鳞鱼给那只海星。此时他正把肚子贴到水池玻璃上，刚好处在与孩子们眼睛齐平的高度，然后把食物从一条管足递到下一条管足。他的管足很细，像植物的茎一样。正当孩子们看得目瞪口呆的时候，海星又慢慢地把食物搬运了约23厘米的距离，从腕的末端送到嘴边，然后将他的胃从嘴里往外翻出，包裹着小鱼缩回体内。

“他可以通过分泌胃酸来消化食物!” 我告诉孩子们。他们听说小鱼会像我们放进嘴里的止咳糖一样融化掉，便兴奋地尖叫起来。

现在，迦梨差不多有奥克塔维娅那么大了，她的安置问题亟待解决。克莉斯塔和威尔逊告诉我，上周他们喂食的时候，她把腕足伸出了桶。由于她的力量太大，他们只能尽快剥下她的吸盘，防止她出逃。克莉斯塔说：“她似乎迫切地想要出来。”但是今天，迦梨却很平静，也很友好，一点儿焦躁的迹象都没有。就连她又湿又凉的拥抱，也好像是在表示热烈的欢迎。

上个星期的闹腾也许是因为她的新邻居——一条生病的海鲈鱼（surf perch）造成的。人们最近一直在给这条海鲈鱼喂吡喹酮，目前尚不清楚这种药物会对章鱼产生什么影响，因此比尔把迦梨的咸水桶移到了一个大的露天水族箱里。这个水族箱离原来的地方有几米远，其使用的水源与之前不同。

咸水桶漂浮在水族箱里，而这个水族箱现在已被另一群动物占领。这些动物是比尔在缅因湾的考察活动中收集到的，其中包括：海葵；看起来颜色鲜艳，像腌菜一样的叶瓜参；长有茎柄的被囊动物，形状像生姜一样的海鞘；以及身体呈蓝灰色，胖嘟嘟的，看上去非常有趣的圆鳍鱼。

圆鳍鱼的嘴唇张开呈O形，好像一直处于惊讶的状态。为了适应游泳，他还进化出了一种新器官，即长在腹部的单个吸盘，这让他能够轻易吸附在任何一种物体的表面，看上去就像窗玻璃上的装饰图案。此外，圆鳍鱼还很聪明。2009年的一个视频记录了一只圆鳍鱼的本领，他的名字叫布隆迪——在水族馆里一个海洋哺乳动物训练师的训练下，他学会了游泳穿过圆圈，听命令吹泡泡，在兽医轻刮他的皮肤时保持镇静以及游泳穿过水面上的小圈。我曾带我的边境牧羊犬萨莉去宠物训练学校上过一节课，当时教的最后一个训练技巧是“旋转”——尽管边境牧羊犬以聪明著称，我也没能训练成功。

其中一只新来的圆鳍鱼似乎对迦梨很感兴趣。比尔说，昨天他喂章鱼的时候，这只圆鳍鱼就游过来，研究迦梨的腕足尖端。

克莉斯塔说：“也许这会让迦梨的生活更加有趣。”

威尔逊说：“希望如此吧。她可以在这里面找点乐子。”

迦梨即使不触碰她的邻居们，也能品尝到他们的味道。因为她的化学感受器能够感知至少27米以内的化学信息。一位研究员发现，章鱼能够尝出溶解在海水里的化学物质，正如人能够尝出溶解在蒸馏水里的香料味道，只是其敏感程度要高出一百倍。所以迦梨甚至可能知道室友的物种、性别乃至健康状况。

通常情况下，章鱼都喜欢独处。对于其他物种，章鱼要么捕食，要么被捕食，除此之外似乎没有第三种关系。家养头足类动物专家建议，业余爱好者们在家养章鱼时，不要把别的动物跟他们养在一起，因为章鱼可能会杀死并吃掉他们。然而，同一个水族箱中不同物种之间的互动关系并不总是敌对的。在温哥华水族馆的不列颠哥伦比亚水域里，馆长丹尼肯特发现，“有些章鱼能与一群岩鱼生活好几年，而不会吃掉他们；但是另一些章鱼却会迅速除掉他们的‘室友’。”该水族馆的一只章鱼住在容积约为24.6万升的乔治亚湾展馆里，他喜欢从水族箱的岩壁一侧爬到接近水面的地方，把腕足伸进旁边饲养鲱鱼的圆柱形水箱里。肯特发现，原来这只章鱼是把自己的腕足当成钓鱼竿，等鲱鱼撞到上面，就卷起来吃掉。

同一水族箱中不同物种间的关系可能非常复杂。2000年，西雅图水族馆决定把一只太平洋巨型章鱼同几条长1.2米到1.5米的角鲨放到一个容积约150万升的水族箱里。这样做虽然很冒险，但水族馆的工作人员们相信章鱼在受到生命威胁的时候，自己会躲起来。然而他们错了。更令他们惊讶的是，章鱼才是那个策划谋杀的主角。鲨鱼既没有失踪，也没有被啃咬的痕迹，但他们被发现时已经死了。（2007年，此次事件的录影被上传到网上并快速传播，震惊了290万观众。）这不是捕食行为，也不是应对正面威胁的直接反应。根据最初的新闻报道、文本材料以及视频来看，在鲨鱼威胁章鱼之前，章鱼就已经“先发制人”，对鲨鱼进行屠杀，消灭了他潜在的敌人。

我曾在科苏梅尔岛附近亲眼目睹过罕见的一幕，那也许证明了另一类物种间关系的存在——我从未见过与之类似的报道。在我最后一次潜水时，我们潜到了一块低矮的暗礁处，那里的大型珊瑚岬相对较少，有着狭长的岩架和悬岩。半小时后，我们潜到了水下约9米处。在该处悬岩下方的白色沙子上，我们发现了一只加勒比海礁章鱼。我慢慢地靠近，在离他不到两米的地方观察他。让我吃惊的是，在章鱼身前几厘米的地方，聚集着十几只壳长5到6厘米，淡红色和淡绿色的螃蟹。这些螃蟹已经大难临头，却并未表现出惊慌的样子。有几只螃蟹在慢慢地爬动，但每当爬得过远的时候，章鱼就会伸出腕足，把螃蟹拨回原处（我感觉章鱼的动作非常温柔）。

这样的场景非常奇怪。你可能会感觉章鱼就像是被他最爱的美味自助餐包围着，但是他的皮肤并没有因为兴奋而变成亮红色，而是呈白色还泛着彩虹色中的青绿色光芒。章鱼似乎并不准备用吸盘将逃跑的螃蟹吸回来，而是用腕足把他们拨回来。奇怪的是，这些螃蟹被抓回来时也并不挣扎。而且我们也没在章鱼巢穴外看见常见的贝类或螃蟹的残骸——当然，这里也许并不是章鱼的巢穴。这里螃蟹太多，或许他们正站在同伴的残壳上，只是我看不见而已。章鱼瞥了我一眼，又专心地去看管那群螃蟹了。那时我离章鱼只有不到一米的距离，他却并没有逃跑。

我本想在这里多待一会儿，但是水流太强了，而我们又是在放流潜水（drift dive）。

后来，我半开玩笑地问水族馆的朋友：这些螃蟹在干吗？他们为什么不逃跑？章鱼想用螃蟹做什么？难道他想开一个螃蟹养殖场？

然后，我又提出了另一个可能性：或许章鱼已经用墨汁把他们麻痹了？

两位美国海洋动物学家——G. E. 麦吉尼蒂和妮蒂·麦吉尼蒂——在偶然间把一条海鳗放进了养有滩涂章鱼（mudflat octopus）的水族箱。海鳗开始在水族箱里寻找章鱼，但只要一靠近章鱼，章鱼就会朝他喷墨。于是海鳗转身去其他地方捕猎，但不会再攻击章鱼了。而且每次都会出现同样的情况：即使他真的触碰到了章鱼，也没有表现出攻击或吃掉章鱼的兴趣。同样的情形一再发生。

除了黑色素外，章鱼的墨汁里还含有一些重要的生物物质，其中包括酪氨酸酶。这种酶会刺激眼睛和阻塞鱼鳃，还可能造成其他影响。1962年，英国药理学杂志报道了一篇关于哺乳动物的文章——酪氨酸酶会阻碍催产素（俗称“拥抱荷尔蒙”）和加压素（一种影响循环的抗利尿激素）的活动。鱼类、鸟类、爬行动物和包括章鱼在内的无脊椎动物，其体内都存在这两种荷尔蒙的不同变体。而且通过对鱼类的实验还发现，哺乳动物体内的催产素对他们的群居活动也有影响。如果这种荷尔蒙的自然水平改变了，像螃蟹这样通常习惯独居的动物，就可能在身处群体中时表现出不同寻常的冷静——甚至在天敌面前也会如此？

章鱼墨汁里的另一种物质是多巴胺，一种被称为“阳性刺激荷尔蒙”的神经递质。最近，在一个我最喜欢的章鱼博客 “头足类动物爱好者”里，我看到了一个有关多巴胺的链接，那是一项对于头足类动物生理和心理的研究。2010年5月，纽约州立大学布法罗分校心理学专业的学生迈克·里塞斯基对该项目展开了研究。他引用了玛丽·卢塞罗，W. F. 吉利和H. 法林顿等几位研究员关于乌贼墨汁的论文，并做出以下推测：

“乌贼的墨汁可能会迷惑他们的天敌，让对方陷入自己已经捉到并且正在食用乌贼的幻觉中……如果乌贼的天敌吸了一大口墨汁，并感觉到里面的氨基酸——这种感觉通常是吃肉时才有的——他们就可能表现得好像自己已经捕捉，或者吃到了猎物，从而放弃追击。”

因此，我猜测那些螃蟹之所以还在优哉游哉地闲逛，可能就是因为他们已经陷入了快乐或饱食的幻觉之中。

威尔逊提出了异议：“我觉得你是在过度解读。”

我回答说：“什么？！你觉得章鱼用墨汁麻痹、圈养这些螃蟹，建立‘螃蟹养殖场’这件事很疯狂？那你再接着听下面这个。”

我将我和皮特·戈弗雷·史密斯的对话讲给他听。皮特是一位哲学家，每年夏天都会去悉尼港潜水，那里有大型乌贼和章鱼。他说这些邂逅就像“遇见了高智商的外星生物”。

他遇到的那些头足类动物就像人类一样，聪明而又敏锐。皮特说：“但是看看腕足上的那些神经细胞！他们可能与我们人类有着完全不同的心理结构。也许章鱼所体现出的智力并不具有自我中心意识。”

他又说：“如果你有章鱼这样的身体构造，你会有完全的自我意识，或是经验中心吗？如果没有，我们就得凭空想象一个与自己完全不同的东西。这也许根本就不可能做到。”

如果章鱼没有中心意识，那他们是否像皮特认为的那样，拥有“各自独立，却能相互合作的意识”呢？章鱼是否拥有多重自我？每条腕足是否真有自己独立的思想？

那么甚至有可能出现这样一种情况：同一只章鱼的各条腕足中，有的胆怯，有的英勇。维也纳大学的研究员露丝·拜恩报告称，她所捕获的章鱼总是会选择自己最喜欢的一条腕足去探索新事物或者迷宫，即使每一条腕足都同样灵敏。她观察了八只章鱼——那些章鱼在捕猎时，不管面对什么样的猎物，他们都会动用全部腕足，扑向猎物，然后卷起腕间膜和腕足将其裹住；但在进食的时候，他们却只会使用自己最喜欢的一到三条腕足。拜恩的团队发现，章鱼仅用一到三条腕足时，腕足之间相互配合的方式就有49种。而据拜恩计算，如果章鱼用上所有腕足，其配合方式可能高达448种。

这可能仅仅是他们“用手习惯”的一个例子。至少据我们所知，生活在水族箱中的章鱼拥有一只主视眼。同时拜恩认为，主导权也有可能会由主视眼转移到离它最近的那条腕足上。

但是，英勇的腕足和胆怯的腕足之间差异颇大。章鱼的每条腕足或者人的每只手臂都有专门的分工——比如，你会用左手握钉子，右手则用来握锤。章鱼的各条腕足可能有自己的个性，就像是一个个独立的生物体。研究人员反复观察后发现，当章鱼处在一个陌生的水族箱里，而水族箱中间放着食物时，他的几条腕足会伸向食物，而另外几条则会蜷缩在角落里，寻求安全感。

章鱼的每条腕足都拥有很强的自主性。一名研究人员在实验时切断了章鱼体内连接大脑和腕足的神经，然后刺激这条腕足上的皮肤，这条腕足表现得和平时一样，竟然还会伸出去抓住食物。正如参与实验的一名研究员对国家地理新闻杂志记者所说，这个实验证明了“章鱼有很多信息不必经过大脑，在腕足的神经上就可以进行处理”。

就像科普作家凯瑟琳·哈蒙·卡里奇所写的，“章鱼能够把大量（来自外部世界的）情报分析工作分包给身体的各个部分”。更奇妙的是，“这些腕足似乎能够不经过大脑中枢，彼此直接进行交流”。

斯科特表示赞同：“章鱼的每条腕足确实像是单独的个体。”

章鱼不仅可以在有需要时长出新的腕足，还有证据表明，即使没有猎食者的追赶，章鱼有时候也会选择卸下自己的腕足。（狼蛛也会这样做——如果他的一条腿受伤了，他就会弄断那条腿，并吃掉它。）

威尔逊笑着说：“那如果一条腕足不喜欢另外一条腕足的态度，会不会把对方扯掉呢？”

这就跟连体婴儿打架差不多吧？

威尔逊说：“动物们是怎么生存的呢？我们对这方面的了解真的太少了！你了解得越多，就越觉得不可思议。也就是在这最近20年，人们才开始讨论这类话题。我们对动物的了解才刚刚开始。”

◇◆◇

“我应聘成功了！”

一周后，克莉斯塔兴奋地对我说。

她穿着新发的制服——深蓝色短袖衬衫上印着水族馆的小鱼标志。为了弥补巨型海洋馆改建工程带来的噪声和不便，水族馆额外聘请了十名新的解说员。他们会对展品进行更深入地讲解，为游客们带来更人性化的服务体验。

克莉斯塔解释说：“这是份临时的兼职工作，只能做到巨型海洋馆重建工程结束。但是我已经感觉美梦成真了！”除了制服，她还领到一件4号尺码①的紧身潜水衣。昨天，她开始了新工作的第一个任务——一边与游客交流，一边在企鹅馆的有水区域领着海龟莫特尔四处游动，让这只肥胖的海龟能得到身体锻炼。

或者说，这只是克莉斯塔以为自己将要进行的任务。克莉斯塔刚换上潜水服，另外一位身材娇小的红头发潜水员就转过身来问她：“你拿到潜水证了吗？”

克莉斯塔紧张地承认：“额……还没有。”她一直期待能和莫特尔一起漫游水底。经这么一问，她开始担心自己还能不能做这份工作。

那个红头发的潜水员严厉地说：“没拿到潜水证，你就不能下水。”

但她顿了一下，脸上露出促狭的微笑，又说：“去吧！玩得开心点！”

随后，喜欢恶作剧的潜水员多莉丝大姐来了，她来教克莉斯塔怎么用一点生菜，就能让莫特尔跟着自己在企鹅馆里活动。

克莉斯塔对我解释说，不能让莫特尔自己单独在企鹅馆里乱跑，因为她体形庞大，很有可能会卡在岩石之间。克莉斯塔边走边说：“莫特尔喜

① 约等于国内的M号。——译者注

欢待在过滤器的旁边，就是管道和墙之间的那块地方。”工作人员们得时刻关注她情况，生怕这只重约250千克的海龟被卡在那里。

莫特尔的锻炼时间为两小时。每次锻炼，四只海龟各有人陪同，而且他们的需求也不尽相同。这里有两只红海龟，其中一只已经失明了。1987年，人们在科德角的一处瀑布里把她救起来，当时她体温极低，大家都以为她已经死了，一位工作人员甚至已经开始拖拽她的“尸体”。突然，有人发现她在抽搐，他们立即把她送到水族馆进行治疗。但是她的眼睛因为冻伤而失明了。

克莉斯塔解释说：“这就是我们给她取名为‘重生’的原因。所以，如果她向你游过来，千万别挡道。如果她一个劲儿朝你冲过来，你更得让开，不然她会直接把你撞翻。她可不是一只优雅温顺的海龟。”

另外一只是坎皮海龟（Kemp’s ridley），名叫奥莉。她喜欢潜水员在水中弯腰把她抱住，然后高高地举起来。每次她想要这样的待遇，就会把头扬高。所以潜水员们看到她仰起头，就都知道她想要什么了，就会极力配合她。克莉斯塔说：“她会让我们握住她的小趾头，或者前肢的一个爪子！”

克莉斯塔除了这份新工作，每周还要在酒吧工作四五个晚上。尽管如此，每到星期三，她还是坚持跟我们一起去看迦梨。随着海鲈鱼身体的好转，比尔又把装迦梨的咸水桶移回了水池里原来的位置。

迦梨现在大约一岁半了，体形看起来和奥克塔维娅一样大——部分原因是，奥克塔维娅明显瘦了很多。

衰老瘦小的奥克塔维娅待在容积超过2100升的水族箱中，只想和自己的卵一起；正处于生长发育期的迦梨，精力充沛，渴望探索更广阔的世界，却被困在了容积约为190升的咸水桶中。这简直是一种讽刺。

威尔逊想给迦梨和奥克塔维娅调换一下位置，但又没办法把奥克塔维娅的卵一起挪走。何况奥克塔维娅一直都精心呵护着自己的卵，要把她和卵分开几乎是无法想象的。

克莉斯塔说："那样做会毁掉奥克塔维娅。"

威尔逊也承认："没错。再说游客也正好可以参观章鱼卵。"

有一天，我们看到了奥克塔维娅不同于以往的表现。在星期一中午的休息时间，克莉斯塔最先看见这一幕。向日葵海星通常待在水族箱的另一边，这次却反常地沿着水族箱背部，靠近顶端的路线，慢慢地朝着章鱼爬了过去。当海星穿过水族箱的三分之二时，奥克塔维娅迅速离开她的卵，头朝前，卷曲着腕足，像个拳击手一样向着海星直冲过去。克莉斯塔说："她离开自己的卵只有两三秒的时间。"但这已经足以威慑到海星。海星慢慢后退，奥克塔维娅也退回到自己的卵旁。

后来，奥克塔维娅这样的表现又出现了一次。她将自己的腕足做成吊床的形状，身体悬挂在上面，接过威尔逊用抓钩递过来的一条小鱼吃了起来，而第二条小鱼却被她扔掉了。然后威尔逊又递给向日葵海星一条鱼，他大概爬到了水族箱中间的位置，嘴向外朝着观众。海星用一条管足接住鱼，然后送到嘴里，威尔逊又递给他一条，他也接住了。两条鱼就像乘着自动扶梯一样慢慢地从海星的管足滑到了胃里，与此同时，他继续向奥克塔维娅前进。

随着海星慢慢靠近，奥克塔维娅变得越来越激动，她开始挥舞腕足，向外张开吸盘，瞳孔随之放大。她先伸出一条长长的腕足，伸展开来大约有1.2米，横跨了整个水族箱。然后她放低身体，露出了身后几百串珍珠似的卵。尽管她两条腕足上的少量吸盘还吸附在巢穴的顶部，但其他所有的腕足、腕间膜以及整个身体都完全脱离了她的卵。奥克塔维娅从虹吸管里喷出一股水流，卵串就像微风中的窗帘一样摆动。她激动地挥舞着腕足，张开吸盘，卷曲腕足尖端，这样大概持续了15分钟。最后，海星调转方向，不再向她靠近。即使海星没有大脑可供思考，似乎也明白了章鱼所传达的信息。奥克塔维娅退回到她的卵旁，摆动腕足的速度越来越慢，开始变得平静，最后似乎完全放松了下来。

威尔逊走下来和我们一起看着她，说："我觉得她刚开始是被向日葵海星弄糊涂了。后来她才搞清楚，海星只是在享用自己的食物而已。但要是海星再靠近一点，我都不知道她会做出什么事。"我们都知道，在野生环境下，向日葵海星会以章鱼卵为食。

克莉斯塔说："她一定会获得年度母亲奖！"

但是，尽管奥克塔维娅悉心照料着她的卵，它们还是在慢慢萎缩。有几十个卵掉进了沙里，威尔逊不知道它们是否碎了。他觉得，如果卵没了，奥克塔维娅或许能在迦梨的咸水桶里活得不错。事实上，一周过后，他问比尔，水族馆是否愿意给这两只章鱼调换位置，但是没人想这么做。威尔逊告诉我："这些卵很适合用来展览。"

某些日子里，迦梨会变得既兴奋又贪婪。有时她玩上20分钟也不会累。这种时候，她会接受一条鱼，但不会立刻吃掉。相反，她想爬上来，抓住我们的手臂往下拽。有时她会游上来，然后突然沉下去，稍稍松开腕足——一旦我们放松下来，她又突然用力拉扯我们中的某个人。这个章鱼式玩笑会逗得我们所有人哈哈大笑。

玩耍过后，我们通常会在一起休息。她会悬挂在桶顶，用吸盘轻轻地吸附着我们，快乐的时光仿佛会凝固在那一刻。

有时候，看着她变幻的皮肤，我们好像看到了她一闪而过的想法。她在想什么呢？当她感受到我们的血液在皮肤下飞快地流动，她是否也同样对我们感到好奇呢？她能感知到我们的喜爱、平静和愉悦吗？

但其他时候，尤其是最近，迦梨似乎很压抑。她全身苍白，只会试探性地碰碰我们。有时她会游上来和我们打招呼，但很快又沉下去，摊开她的腕足，覆盖住整个桶底。这把我吓坏了。尽管有人会定期跟她互动，尽管比尔会给她喂食鲜活的螃蟹，但待在这样一个空间又小，又单调沉闷的地方，这只正在长身体的小家伙怎么打得起精神来呢？

接下来的几周里，每周三的午餐时间，我们都会谈论迦梨的状况。要不要把迦梨送去另一个空间充足的水族馆呢？各个水族馆经常交换动物。一条身长1.5米，名叫“因多”的豹纹鲨正在我们的企鹅馆中游泳，他刚刚从马里兰水族馆借调到这里。同时，斯科特也想把温带馆里一些年长的大型鲱鱼送去位于蒙特利尔的水族馆里，因为那里有更大的水族箱。一想到要送走迦梨，我就会感到很痛苦，即使她只是出去借宿一阵子，但这对她来说会是最好的方案吗？

斯科特不赞同这种做法。比尔也清楚地知道大型章鱼的搬运难度，因为章鱼感到不安时会喷墨汁。一只太平洋巨型章鱼的墨汁足够染黑一整个容积超过11000升的水族箱，而搬运章鱼所用的塑料旅行袋里又没有污水过滤器，所以章鱼自我防卫时喷出的墨汁可能会呛死他自己。“再说，章鱼实在太敏感了，稍微一紧张就会喷墨汁。”斯科特补充道。

我们不可能为此建一个新的水族箱，因为当巨型海洋馆正在重建，整个水族馆都忙乱不堪的时候，很难仅仅为了一只居住时间才几个月甚至几周的动物，而去影响其他的工程环节。况且新水族箱建在哪里呢？即使把它建起来，那里面关得住章鱼吗？

“问题是，只要有一个小孔，她就能逃出去，然后你又多件麻烦事。”威尔逊说，“比尔没有别的好办法，他现在什么也做不了。”

威尔逊很清楚，人类的生存空间同样受到各种限制，与迦梨的窘迫处境并无不同。就在上周，疗养院为了接纳新来的病人，把他的妻子换到了另一个房间。

我问他：“这样不是会让她很不舒服吗？”

他说：“这样确实不太好，但是我们没有别的选择。大家已经尽力拿出了最好的方案。”

12月19日，星期三，与奥克塔维娅和迦梨的互动非常有趣。圣诞节快到了，我觉得那将是美好的一天。水族馆里施工的杂音几乎掩盖了播放的古典音乐，但主管部门为了进行弥补，给每一组游客都配了一个讲解员。不过，游客们似乎并不在意那些杂音。在企鹅馆里站着两个潜水员，等着观众提问；一个志愿者弯下腰向一个一年级学生展示玳瑁龟模型；其他志愿者则忙于给孩子们展示，如何在可触摸水族箱里轻抚鳐鱼。

这样的水族馆，看起来仿佛是世界上最美妙的地方。

◇ ◆ ◇

今天早上，我一进水族馆就被一条大石斑鱼吸引了，情不自禁地坐到了他旁边。他的水族箱位于蓝洞展区的前面，我一坐下，他就把眼睛转过来盯着我。我是唯一一个在他水族箱前面的人，离他有五厘米远。尽管大石斑鱼能长到约2.5米长，但他却只有一条狗那么大，差不多一米的样子。我觉得我可以像爱抚小狗一样拍拍他。

玛莉安说：“你可以把手放到大石斑鱼的嘴里，然后再拿出来——不过肯定已经满是血窟窿了。”但是坐在他旁边，看他凝视着我，我只感到平静而幸福。在野外，大石斑鱼会藏在珊瑚丛里，用美丽的大眼睛盯着游客。据说这种鱼十分聪明，并且和狗一样拥有自己的个性。浮潜人员和潜水员都了解并且尊重他们的个性。

告别大石斑鱼后，我依次经过了远古鱼区、海龙区、盐碱滩区、红树林沼泽区、鲱鱼区以及水母区。我走上拉着帘幕的斜坡，这里通向“亚马孙丛林区”——那里有单独放置的南美食人鱼水族箱。之后，我又来到了水蟒箱前，那里面生活着成群的钢青色水蟒，还有鲜红色的脂鲤和忙碌的海龟。我继续往前走，经过了新英格兰池塘和鲑鲈溪，看到了电鳗。经过拐角，到了缅因湾展区，接着就到了斯特勒威根海岸区和浅滩岛区。在小岛周围，生活着聪明的圆鳍鱼，长相滑稽又可爱的比目鱼……在东港区，有着鮟鱇鱼和闪闪发光的大西洋银河鱼……接下来就到了太平洋海岸潮池，那里生活着一群巨型绿色海葵。每隔25秒，带着气泡的汹涌浪潮就会涌向他们，看上去就像一道水中的闪电。最后，我终于见到了亲爱的奥克塔维娅。她匍匐在她的卵上，显得安静而美丽。此时，她的卵已经呈现出浅褐色，但她仍视若珍宝。

安娜来的时候，我刚把手电筒打开，还没脱下外套。这两天恰好是她们学校的圣诞节假期。我们拥抱问好，接着威尔逊也下来了，他说：“太好了，你们都在。快上楼吧，比尔正在给迦梨搬家呢！”

斯科特、克莉斯塔和玛莉安在大厅里等着我们。

迦梨的新家是一个容积约340升的C1号水族箱。里面住着一群无脊椎动物，是比尔在缅因海湾的探索旅途中收集回来的。特纳建设公司的施工队为C1到C3号水族箱制造了坚固的盖子，因为他们需要跪在这些水族箱顶上处理线路和管道。比尔说："这些盖子相当结实。"因为它们是用约1.3厘米厚的树脂玻璃制作的。加上四个夹钳后，比尔就可以将盖子牢牢地固定在迦梨的新水族箱上。这样一来，即便迦梨的腕足再强健有力，她也跑不出来。这看起来是个完美的解决方案。

比尔旋开咸水桶顶部，迦梨向上看了看，并没有游上来。比尔打算把迦梨装到塑料袋里，提着她穿过一个狭窄的过道，送到几步之外的C1水族箱。"塑料袋！"我吓了一跳。比尔说："她来这儿的时候就是装在塑料袋里的。"但是迦梨对我们毫无反应，似乎觉得非常可疑。也许她能感觉到有什么事情要发生了。

比尔说："没关系，我可以把这个桶搬过去。"这个空桶大约就有4.5千克，更别说还要往里面装上水，而且还是比淡水重的咸水，水的重量至少有13.5千克。再加上约9千克重的迦梨，总共就有27千克了。但是，又高又壮的比尔轻轻松松地就拎起来了，就像我捡起一张面巾纸那样简单。水从桶两边的孔流到了水池里，但是比尔把迦梨运到C1水族箱只需要六秒钟，所以在这几秒里，桶里还有足够的水，不会让迦梨感到不适。

迦梨瞬间意识到自己进入了一个陌生的环境，她的身体变成了亮红色。她立刻忙着用腕足上的吸盘探索周围的新世界。她的吸盘变成扁平状，紧紧地吸住玻璃，并沿着大水族箱滑动。她所有的腕足都在水中乱舞。她专注于离我们最近的前玻璃墙，但同时也在不停摸索水族箱的其他部分——除了靠墙的那一面。迦梨看起来就像一个正在表演"摸箱子"的哑剧演员，不同之处在于所用的不是双手，而是1600个吸盘。她之前从没有触摸或品尝过玻璃——除了当初在野外被捕时，她可能接触过带有玻璃的捕获装置。

克莉斯塔、玛莉安、安娜、威尔逊、比尔、斯科特和我一齐看着迦梨，深深地沉迷其中，因为我们盼了好几个月的事情终于实现了。这只年轻、聪明且充满活力的章鱼将要探索一个新环境——一个比昏暗的咸水桶更复杂，更有趣的地方。她的新家比原来的大，而且底部还有砾石和沙子。她可以品尝和触摸新家的玻璃面，还能通过其中的三面看到有趣的风景。

别的动物来到新环境可能会畏首畏尾，但她似乎渴望探索这个更加广阔的世界。她在我们面前完全伸展开来，我们从未见过她的腕足像这样舒展开。玛莉安说："哇！她简直太大了！"迦梨将腕足和腕间膜展开后的样子，就像一块浸满水后膨胀开来的海绵。她快速移动着，似乎有着明确的目的，触摸着所有的东西，犹如第一次见到雪的小狗，或是从笼子里放飞的小鸟。克莉斯塔叫道："她真的好开心！"

威尔逊轻声说："是啊，她真的很开心。"

我为这一切感到高兴——为迦梨；为克莉斯塔有了新工作；为威尔逊在这段艰难时期仍能享受欢笑；为安娜最近服用的药物起效，身子颤抖的毛病得到了抑制；为玛莉安的头痛有所好转；为斯科特下个月即将开始的，一年一度的巴西之旅……

"比尔，你开心吗？"我问他。

"当然了！"他回答说。看到心爱的章鱼享受自由，他的确很开心。同时他也承认，担心是难免的。他说："你不知道，把她放在这里真的很冒险。我们倒是觉得这对章鱼来说很安全，可他们说不定会认为这是个逃跑的好机会。”

我又问他现在最担心什么。他说：“虽然有保险措施，但是我们不能保证迦梨就会乖乖待在里面，她可能会拧开排水管道。”水族箱的水都会排入水池，以便循环利用。迦梨搞不好会放干水族箱里的水，或者堵住管道，导致整层楼发生水灾。

但是在这充满欢乐的气氛里，担心似乎又是多余的。迦梨用后腕足不断地探索新水族箱的前壁和侧壁，同时用前腕足探索水族箱的陶瓷顶盖。威尔逊试着用一条毛鳞鱼来分散她的注意力，她急切地接住了。然而，章鱼是一心多用的佼佼者，想让他们分心并不容易。我们看见迦梨在做着人类做不到的事：一边进食，一边继续探索。

我们看到她把肚子贴在玻璃上，吸盘像传送带似的，把毛鳞鱼一只接一只地送到嘴里。同时，迦梨还把其他腕足伸出了水族箱，像跳芭蕾一样微微弯曲，克莉斯塔、安娜和我轻轻地爱抚着它们。

安娜柔声对她说：“把腕足放回水族箱里去吧！”

当初待在咸水桶里的时候，迦梨老是想跑出来，现在却没有坚持非要探出水族箱，我们轻易地控制住了她。

威尔逊说：“她现在很温柔呢。”

我几乎克制不住自己，想要亲亲她的吸盘，就像我有时亲吻狗爪子下面的肉垫一样，但还是忍住了。我提醒自己，不管我们如何把迦梨的快乐当成自己的快乐，她毕竟是一只体形巨大，身体强健，且快要成年的野生章鱼。我们都不知道，当她看到人类完全陌生的动作时，会有什么反应。

然而紧接着，迦梨摇摇晃晃地把脑袋浮到水面，认真地看着我们的眼睛。我们的手就像受到召唤一般，自然而然地做出了反应，几乎同时伸了出去，轻抚着她的脑袋。她不仅允许我们这样做，而且还十分享受。她的眼睛也浮出了水面。尽管灯光亮得晃眼，她的瞳孔却仍在不断放大，就像正在热恋中的人类一样。

威尔逊说："好了，让她休息吧。"他急着检查水族箱的顶盖，看看盖子是否与储水管紧密契合，并搞清楚以后如何打开盖子给章鱼喂食和互动。当我们把迦梨的最后一条腕足末端从水族箱边缘掰开放回去后，比尔就把有机玻璃盖抬起来，盖到了水族箱的顶上，然后用四个夹钳将它紧紧地固定住——为了更保险，他还在每个角上分别压了约9千克的配重物。

比尔刚弄好，迦梨就马上伸出腕足去探索这个新奇的盖子，又用大概50个吸盘吸住了新家的"天花板"。由于要悬挂住整个身体，她的吸盘被往下拉长了约2.5厘米。这让她看上去很笨拙，就像一个人类用嘴唇吸着天花板，身子吊在下面。

我有点担心，她用这种姿态待久了会不会脱水。斯科特向我保证道："她的黏液会起作用的，同时她会在受伤之前主动放开。你不记得了吗？她可是很聪明的！"

比尔正在检测有机玻璃盖。"这种新型盖子在其他水族箱上都盖得非常牢实，"他说，"不过用来装章鱼的话……应该也行吧……"不过威尔逊有点够不着最远的那个夹钳。"看来还需要进一步改进。"比尔说。也许比尔可以给水族箱后部焊上一条铰链？或者，可以建议威尔逊将盖子分成前后两个部分，后半部分牢牢固定，而前半部分可以很方便地打开。

比尔说他会考虑这些提议。"为了迦梨今后在这个水族箱的生活，也为了今后住进来的其他章鱼，我要保证万无一失，同时还能一劳永逸，以免类似的问题再次发生。”我能感觉到，比尔已经为这个问题烦恼了好几个月。把他心爱的、年幼而聪明的动物养在这样一个黑暗封闭的空间里，为此他背负着巨大的压力。他说：“最多到五月，我再也不想把另一只章鱼养在桶里了。”

我们就这样看着迦梨，沉浸在她章鱼式的欢乐里。

“这一刻多么温馨，多么难得啊！”安娜说。

患有阿斯伯格综合征的人通常显得有些冷漠，安娜也不喜欢将自己的情感外露。

“你是从一只冰冷而且黏糊的动物身上，感受到了这种难得的温馨。”我说。

我想，这既证明了安娜有一颗真诚美好的心，也证明了迦梨有一个充满魅力的灵魂。

午饭时间，我们坐在一起聊天。克莉斯塔的工作现在做得怎么样了？那条新来的豹纹鲨咬人了吗？没有，但克莉斯塔的手指被一条刺鲀咬了。

克莉斯塔说：“他在你周围游来游去，一找到机会就咬你一口，感觉就像被一个大夹钳夹了一样。”

玛莉安想起了一条雀鳝，他只吃银河鱼，还必须得是细小又笔直的那种——不然的话，他就会把这些鱼丢给鳐鱼去吃。

威尔逊告诉我们，他们曾把一条约45厘米长的鲨鱼放进装着一条大石斑鱼的水族箱里。那条大石斑鱼几乎立刻吞掉鲨鱼，然后又把他完好无损地吐了出来。威尔逊说：“打那以后，那条鲨鱼几乎一直躲着不出来。工作人员们只好站在安全网后面，用一根棍子给他喂食。”

快到玛雅日历上的最后一天了，我们开着玩笑，说地球两极也许会颠倒过来。[①]——还有鲨鱼，他们是能够感知到地球磁场的，或许会受到特别的影响。斯科特打趣道："会不会所有大白鲨都聚集到马萨葡萄园岛[②]附近去觅食呢？"

一提到鲨鱼，我们就把话题转到了曾经被咬的经历。我们再次尝试列出所有咬过安娜的生物，包括章鱼、南美食人鱼、鹅……还有一头曾经咬掉她头发的骆驼。斯科特提议，我们按着字母表的顺序，看看是否以26个字母开头的动物都咬过她。

我们从Z开始倒着来：斑马（zebra）？有被斑马咬过吗？安娜说没有，但是又说："在一个小型动物园，有一只瘤牛（zebu）吸过我的手指。那算不算？"我们觉得可以算进去。

接下来是Y。"牦牛（yak）呢？"她的确在一个农场被牦牛咬过。安娜给他喂食时，他不小心啃了她的手指。

有什么动物的名字以X开头？斯科特说："非洲爪蟾（Xenopus）。"那是非洲一种有爪子的青蛙。"对，他也咬过我。"安娜确定地说。

我们就这样一直列举下去，最后回到了字母表开头的A。"食蚁兽（anteater）咬过你吗？不对，他没有牙齿。但是他可以舔……那他舔过你吗？"

我们所有人都被同一种动物咬过——龙鱼。亚马孙丛林区的水族箱里就生活着两条。银龙鱼属骨舌科食肉动物，体态颀长。这种古老而敏捷的

---

① 这曾是一个流传广泛的无稽之谈：根据玛雅人预言，2012年12月21日，也就是玛雅日历的最后一天，将会迎来世界末日。——译者注

② 马撒葡萄园岛，位于美国东北部，以它舒适的气候温度和大量迷人的海滩、峭壁、日落风光等闻名。——译者注

鱼能够跃出水面捕食。但今天我们将去看一种新型龙鱼——金龙鱼，原产于亚洲，刚从托莱多动物园运过来。

我们离开餐厅，去看金龙鱼，并希望他能为迦梨的新居带来好运。全亚洲都视这种鱼为好运的象征，其原产地的水族馆愿意花一万美元买一条金龙鱼。在中国，金龙鱼因其体形硕大，躯干覆盖着闪闪发光、形似龙鳞的鳞片而闻名。在风水学里，他是最能带来吉运的鱼。人们相信他会带来财富和成功，会保护主人远离危险、灾难、疾病和厄运。

风水交易网站Fengshui.Mall.com上说："金龙鱼智商极高，能解读语言，还能专注于任务。它最突出的能力之一就是预测厄运，察觉负能量到来的前兆。"网站接着给出了建议，称如果把装有金龙鱼的水族箱放在大厅，就能将这些能力最大化。

虽然我们都不算特别迷信，但是电鳗托尔[①]所造成的事故让我们变得宁可信其有。安娜甚至记得准确的日期：2011年12月7日。

当时，托尔所在的水族箱正在维修，他被临时转移到非展览区的一个大水族箱里，那里还住了一条肺鱼和一条雌性龙鱼，后者自小由斯科特喂养长大。为了安全起见，工作人员在水族箱里放了一块高约一米的屏障把他们隔开。一般认为，电鳗是不会跃出水面的。哪知托尔出乎人们的意料——他跃到水族箱的另一边，电死了水族馆里最珍贵、最长寿的两条鱼。

斯科特养了这条龙鱼十多年，也珍爱了她十多年，她的死让他悲伤不已。然而悲剧还没结束。安娜说："托尔杀掉了龙鱼，也杀掉了斯科特的好运。"龙鱼死后不久，斯科特就一直厄运缠身。我之前多少听说过一些，但是直到安娜和玛莉安悉数告诉我之后，我才知道斯科特竟遭受了这

① 托尔（Thor）是北欧神话中的雷神。——译者注

么多厄运。

龙鱼死去的当天晚上，就在斯科特乘渡轮回家的同时，他的父母发生车祸，妈妈住进了医院。接着，他最喜欢的叔叔在参观一所教堂的时候摔下楼梯，不幸去世。不久之后，斯科特自己也从家里的楼梯上摔下来受了伤。他的儿子也因为发高烧而住进了医院。在他一年一度的巴西之旅中，一名同伴去世了。那是他多年的好友，并且一直都支持他的工作。因此，旅途中的大半时间，斯科特都不得不挣扎着进行一项悲伤的任务——把他朋友的尸体从国外运回美国。他还得了皮肤病，他的狗也死了。实际上，到了八月，斯科特的厄运依然没有结束。他养的大部分小鸡崽被一只狐狸咬死了，他只好将幸存的几只送人。

新来的这只金龙鱼装在水族箱里，安放在风水较好的位置：志愿者休息室的走廊里，距斯科特的办公桌仅几英尺远。看见这条漂亮的龙鱼，大家都非常开心。我们跟斯科特开玩笑，说他现在鸿运当头，不用再害怕厄运了。毫无疑问，这里的好运会满溢出来，流入大厅，流进冷水区，洗礼迦梨和她的新家。

我得早点走，因为今天下大雪，我没开车，是坐公交来的。我本来计划坐下午2：45那班车回家，但是再看了一眼迦梨之后，我又犹豫了。我心想，自己是不是该留下来，在水族馆过夜，照看刚搬进新家的迦梨。

我问斯科特："今晚有人照看迦梨吗？"

斯科特向我解释说，水族馆有守夜的人，机械系统操作员也会巡视包括非展览区和地下室在内的每个区域，每四个小时就去巡查一次，看水族箱有没有泄漏、溢水，或者动物们有没有出现意外情况。一般他们都能自行解决突发状况，如果解决不了，他们就会打电话找高级管理员求助，五年前的这个时候，斯科特就曾接到通知，说水蟒凯思琳要分娩了。当时已经是凌晨3：00，但他还是急冲冲地赶到了水族馆。

所以，我没理由担心迦梨；没理由今晚不回家，不回到我丈夫和边境牧羊犬的身旁；也没理由取消明天和乔迪以及另一个朋友的假日茶会。我没理由为莫须有的事情分心，应该一门心思准备我最喜欢的节日——圣诞节了。

此时此刻，整个世界都是那么的美好。

在我临走之前，安娜送给我一幅美丽的画，上面画着一只椰子章鱼。安娜治好了颤抖的毛病，因此才能画出这幅画。这幅画将在我的办公桌上占据一个醒目的位置，与那幅镶框画并列——后者是丹尼在迦梨生日时用电脑程序做的，画里有我、威尔逊、克莉斯塔、丹尼以及待在桶里的迦梨。

玛莉安为我们烤了圣诞饼干，我也把自制的果仁蜜饼分给大家。早些时候，奥克塔维娅已经迫不及待地吃了两条鱿鱼。现在我们所有人都衷心地希望她能活得久些，不去担心幸运的迦梨是否会分走她的运气。离开水族馆的时候，我嘴里哼着"三犬之夜"乐队《欢乐世界》里的歌词："将欢乐带给蓝色深海里的鱼儿"。我的心里充满了章鱼式的快乐，祈求着新一年的好运。

◇◆◇

第二天上午，11：30左右，我看到斯科特在10：51发给我的一份邮件。里面写着一句话：见邮件务请回电。

我立即给斯科特打了电话。

“我有一个坏消息要告诉你，”他说，“迦梨死了。”

思绪的碎片在脑海中飞舞，我努力想将它们拼合起来，理清楚到底发生了什么。头天晚上到次日清晨，一切都安然无恙。早上大约6：00，一位可靠而机敏的守夜人最后一次察看了冷水区。7：30左右，鱼类管理员助手麦克·科勒尔像往常一样走进走廊，眼前的一切却让他胆战心惊——迦梨躺在新水族箱脚下的地板上，身体呈灰白色。

水族箱顶盖依旧保持比尔盖好时的样子，盖子上的4个夹钳和36千克的配重物都原封未动。

由于沟通有误，麦克误以为迦梨已经被转移到奥克塔维娅的水族箱了，逃跑的是年长的奥克塔维娅而不是年轻的迦梨。无论如何，他没有丝毫犹豫，立刻打开水族箱盖子，把章鱼放回水里，然后急忙跑去找兽医。这时，比尔正走上楼来准备工作，迎头遇见麦克，麦克立刻将发生的事告诉了他。于是比尔冲到水族箱前，掀开盖子，开始对迦梨做人工呼吸。但是他需要把章鱼的身体抬起来，让外套膜张开，才能让咸水从软管中流进去。迦梨的身体和腕足变成了深棕色，她的虹吸管还在颤动，尽管非常微弱。

兽医赶过来给迦梨注射了恢复心脏骤停的地塞米松、阿托品和一种强力抗生素——土霉素。所有人都以为他们能救活迦梨，可是在注射一小时之后，她的身体又变成了棕色。

尽管迦梨的肌肉还在收缩，皮肤被触碰到的地方颜色也会变深，但她已经死了。

午饭过后，克莉斯塔才从斯科特那儿得知这个消息，然后她去向迦梨告别。“当时走廊里没有人，”她在手机里向我哭诉，“她的水族箱表面盖着一层黑色防水油布。太可怕了——她身体扁平，被他们小心地放在水族箱底。我低下头去看她，但是没有看到她的眼睛。她的头朝着水族箱的前方，腕足朝着后方，就像一个章鱼标本。氧气喷头还在冒泡。这太陌生了，看到她变成乳白色，这种感觉太陌生了。你想看到的是她亮红色或者棕色的样子。她的腕足边缘泛着粉白色。但是她仍然很漂亮。”

就像有人类朋友去世的时候一样，我需要和认识这位朋友的人聊一聊。

我问克莉斯塔：“你和迦梨在一起的日子中，哪一天最快乐？”

她回答说：“丹尼遇见她那一天。他被迦梨喷得全身湿透了。然后……自从我们第一次见到她，我就一直期待着每周星期三，和她见面的日子。丹尼会很难过的。我们本来打算一起来水族馆。本来不该这样的……”

我说：“不，我不信，这一定不是真的。我们曾经那么快乐。”

我们都想沉浸在回忆中，仿佛这样就能逃避难以接受的现实。

克莉斯塔说：“每当威尔逊打开桶盖前，我都会想起那段美好时光。她会突然从桶里钻出来吗？我的脑海里总是重现她出现在我们面前的样子，每次都不一样。那时我真的特别激动。而且没人能抓住她，她的动作太快了。我真高兴自己拍了那些照片，拍下了迦梨在我手臂上留下的‘吻痕’……”

我又给安娜打了电话。

“我简直不敢相信，”我说，“昨天我们还在一起，玩得那么开心！”

安娜回答：“通过这件事，我才明白——今天做的任何事，都改变不了昨天。”

是的，我们不能改变迦梨死亡的事实。然而，死亡也磨灭不掉我们曾经的快乐时光。

我们曾共度她的每一个生日，见证她的每一次成功，分享她年幼时的每一分快乐，如今我们却失去了她，或许，这正是安娜安慰我时所说的，她心中的明悟：“昨日永远完美。”

◇ ◆ ◇

星期三一整天，我除了打电话接电话，什么都做不了。我取消了与朋友的聚会，他们也能理解我。当然，我也不可能有心情去参加茶会。

因为有一位朋友永远离开了我。

安娜对我说：“只有那些特别的人才能理解，跟章鱼做朋友意味着什么。”她想象过在学校跟朋友之间发生以下对话。

“我的朋友去世了，她叫迦梨。”

“她是印度人吗？”

“不，她来自不列颠哥伦比亚。事实上，是来自太平洋。她是只章鱼。”

我打电话给比尔，并留言表示安慰。他没接也没回，但我能理解他。随后，我打电话给威尔逊，想要得到他的安慰和友情。另一方面，我也想让他从一名工程师的角度来分析一下，迦梨到底是怎么跑出去的。

他说：“要说她是怎么逃跑的，只有两种可能。第一种可能是，她自己掀开水族箱的盖子跑了出去——之前我就亲眼看到过有章鱼掀开盖子逃跑，虽然那个盖子很重。”

但是迦梨的水族箱盖子还要更重些。而且他也说："问题是到现在盖子还好好盖着！"

"第二种可能是，她是通过一个小孔逃跑的。"

盖子上开有一个孔，而这个孔也是必要的，好让新鲜的海水流进水族箱。威尔逊认为，只要水管和孔之间有接合不严的地方，不论中间的缝隙有多窄，都能为迦梨提供一条逃跑路线。

威尔逊强调："这不是任何人的错，比尔已经做到了最好。我们花了好多年来加固现在装奥克塔维娅的那个水族箱，才让它相对比较安全。我也很伤心，但是并不觉得惊讶。现在我要做的就是跟比尔聊一聊，看看能有什么改进措施。但当时我们别无选择，必须冒这个险。"

迦梨能活到这么大，已经算是非常幸运了。大多数章鱼在幼年期就会死去，只有五万分之一的幼崽能活到性成熟期——要不是这样，大海里的章鱼早就泛滥成灾了。

"至少我们知道，她生命的最后一天是美好的。"我说。

"是的，"威尔逊说，"她在生命的最后一天得到了自由。迦梨通过逃跑这件事告诉我们，作为一只非常聪明，充满好奇心的生物，她想要属于自己的自由。很明显，从那样一个水族箱里逃出来需要经过艰辛的努力，脑子不够聪明的动物是做不到的。"

我说："她像一个伟大的探索家那样死去。"就像挑战者号航天飞机上的宇航员，在发射升空的过程中炸得粉身碎骨。或者像是那些在寻找尼罗河源头，穿越亚马孙丛林，探索南北两极的过程中死去的英雄们。为了探索更加辽阔的世界，迦梨也选择了面对未知的危险。

威尔逊说："章鱼拥有自己的智慧，这是我们人类不能与之相比的。不过，我们可以从错误中吸取教训，总结经验。我们最多也只能做到这样了。”

“毕竟，”他说，“我们只是人类。”

Exit

◇ ◆ ◇

羯磨[①]

抉择·命运·爱

① 羯磨（karma），梵文音译，意译为“业”或“业报”，意为先前或今世的所作所为，与将来或来世的命运之间的因果关系。——译者注

去年夏天，比尔在佛蒙特州的国际障碍大赛中完成了长约19千米的障碍赛跑，经历了来自泥土、火焰、冰水、电击和约4米高的围墙的重重考验。而这位负伤的资深运动员得到的奖励，却是在赛后第二天的凌晨3：00起床，然后驱车返回工作岗位。但就算在那样一个早晨，比尔看起来也比现在有精神。这是迦梨去世后的第一个星期三，他一脸憔悴，从冷水区走下楼梯，来到奥克塔维娅的水族箱前找我。

我们紧紧拥抱着对方，过了很长时间才开始说话。刚开始我们并没有聊迦梨，而是谈论其他动物。首先谈论的是距离奥克塔维娅不远处的水族箱，那里有三条圆鳍鱼，其中一条新近从灰色变成了橙色。

“那是一条雄性的鱼，他之所以呈橙色，是因为他正处在求偶期。”比尔高兴地告诉我，然后解读鱼的语言：“看，他正在挑选巢穴，来吸引雌性的注意。”在水族箱里岩石的一角，这条雄鱼选了一个适合雌鱼产卵的地方，仔细清理掉岩石上浮动的藻类和残骸，并炫耀自己的劳动成果。

这条圆鳍鱼用嘴朝海胆喷水，使后者挪动脊柱间的管足，缓慢地离开。海胆是个隐患，因为他可能会伤害到鱼卵。但到目前为止，还没有鱼卵产出。两条还不到产卵期的雌性圆鳍鱼似乎对雄鱼的付出不为所动。不过比尔非常乐观。两年前，他的圆鳍鱼繁殖并养育了80只小宝宝。

“他们是世界上最可爱的小家伙！”比尔说。每当他倚靠在水族箱旁，他养的小圆鳍鱼们就会游过来，仰着肥嘟嘟的脸儿，用圆圆的眼睛看他，那副惊奇的模样可爱极了。

我们一起在比尔负责的区域里漫步，走过一个又一个水族箱，为各种独具特点的生物惊叹不已。在过去的九年里，他每天都细心照料着每个生物，并为他们感到喜悦和兴奋。

当我们走到伊斯特波特港展区时，他向我介绍说："快看，这是我的篮海星。这种生物漂亮极了，简直不可思议。"这个身长约1.5米的家伙虽说是动物，看起来却更像某种结晶质矿物。他的体盘就像是雏菊的花蕊，有着五个辐射对称的腕足，每条腕足又分成两个相同的分支，分支又继续分成更细长的腕足。这些盘绕在一起的卷曲小腕，结构极其错综复杂，甚至超过了最复杂的雪花结构。

往左走几步，我们便到了缅因湾巨石礁水族箱前。这个容积约15000升的水族箱里装有1400只动物，其中包括400只红海葵，200只海参，250只沙锥鱼以及好几百只叫作巴尔特米亚（baltemia）的生物——他们看起来像某种软乎乎的植物，其实却是和奥克塔维娅和迦梨一样的无脊椎动物。除此之外，还有一只无比神秘，与鲨鱼相似的喀迈拉[①]。这种灵巧的生物是个古老的物种，仿佛拥有一种来自异世界的优雅，身体由硬骨和软骨共同组成，一半是天使，一半是幽灵。比尔从2007年开始照料她，当时她已经成年。"她太美了，"比尔说，"我特别喜欢她移动的样子。"

比尔对于动物的喜爱，就如同这只喀迈拉后背上带刺的鳍一样显而易见。他曾细致地照料迦梨——那只最聪明，最开朗，惹人喜爱的章鱼，如今却失去了她，在她青春健康、朝气蓬勃的大好年华里失去了她。最糟糕的是，比尔把她的死怪罪到自己身上。这似乎是一个巨大而残忍的错误。

此时，《哈姆雷特》中被谋杀的国王的一句台词，突然在我的脑海中

① 本书中这种动物的英语原文为"sharklike chimera"，未给出学名，语焉不详。从其描述来看，疑为远古生物"旋齿鲨（Helicoprion）"的近亲。——译者注

浮现：

“意志和命运确乎常背道而驰，我们打算来打算去，到头是落空。”①

比尔的悲痛仿佛在无声呜咽，叠加在我悲痛的心头。

接着威尔逊来了，拿着迦梨的尸检报告。尸检是在她死后一个小时进行的，检查她的眼睛、腕足、墨囊、结肠、嗉囊、食道以及未成熟的雌性生殖器后，报告均无异常。

她的肚子里仍有我们喂食的毛鳞鱼残骸。她体形已经很大，且仍在生长，最长的腕约达1.3米，头部和套膜长约0.3米。她的一切都那么完美，然而她死了。

她是怎么出来的呢？管子背面有缺口，但比尔早就注意到了。他在上面覆上了一块塑料防水布，又堵上了材质粗硬令章鱼反感的阻隔材料。即使这样也没能阻止迦梨。虽然她有9.5千克重，展开后的两条腕足末端之间长度将近3米，但却从只有6.4厘米×2.5厘米的小孔里钻了出来。

迦梨死了，这显然是因为章鱼无法在缺水的情况下长时间存活。一只太平洋巨型章鱼只能这样待上大约15分钟，然后大脑就会受到持续的伤害。但是最后的谜团仍没有解开：迦梨原本往各个方向都能找到水源。她被发现的地方，离她水族箱开着的溢流盘只有一条腕足的距离，那里盛满了水，其温度和化学成分完全适合她生存。也有其他章鱼逃跑过，但他们的目的似乎是想要进入旁边的水族箱，把邻居给吃掉。为什么迦梨没有另找一个水族箱爬进去呢？

冷水区的一些人猜测，这可能是因为迦梨曾从铺在水族箱附近的垫子上爬过，沾上了消毒剂。在我们的水族馆里，大多数分馆非展览区的进口

① 见于《哈姆雷特》第三幕第二场，此引卞之琳译文。——译者注

处都会铺上这样一块垫子，并用卫可（Virkon）进行过处理，以防止人们鞋底沾染的病菌使动物生病。卫可是一种粉红色的溶液，可以杀灭病毒、细菌和真菌，同时也是一种腐蚀剂，并且会刺激皮肤、眼睛和黏膜。而章鱼的皮肤就是由大片极其敏感的黏膜组成的。斯坦哈特水族馆的馆长助理J. 查尔斯·德尔贝克曾把头足类动物的皮肤比作哺乳动物的肠道黏膜，并得出一个结论："当某一剂量的化学品、营养素和污染物不会明显造成其他物种中毒时，却能够使头足类动物中毒。"因此，只要迦梨曾经接触过卫可，就有可能中毒而死。

我们爱迦梨，一直尽可能给她最好的生活，她却逃跑了；我们想要努力使她远离危险和疾病，却因此害死了她。

这是一个苦涩不堪的讽刺。

失去迦梨的悲痛在我们之间蔓延，如同章鱼的墨汁在水中扩散开来。

"你肯定是在开玩笑。"这是从克莉斯塔那里得知迦梨的死讯时，丹尼的反应。

当时他们是在父母的家里。丹尼一开始非常困惑，觉得按道理来说，上了年纪的奥克塔维娅才更容易死去。克莉斯塔向他解释了缘由，告诉他迦梨是如何发现一个小洞钻出去逃跑的。丹尼回答说："是啊，他们很聪明，很善于伪装。他们是我的朋友……"然后就沉默不语。克莉斯塔问他是否需要一个人待一会儿。

"他希望我离开房间，让他静一静——这很少见。"克莉斯塔告诉我，"我安慰他说，'我们还会认识一只新章鱼，这也挺好的嘛。'但他却说，'可那已经不是迦梨了。'迦梨远远超出了我的期待。她让我们认识了一群很棒的朋友。"

◇◆◇

圣诞前夕，比尔通过电子邮件订了一只太平洋巨型章鱼。他向我保证，新章鱼快到的时候会通知我。

八天过后，距新年还有三天，我接到了电话，说新章鱼预计明天早上到达。那天是周五，比尔正好休假，他让戴夫·韦奇和一位水族馆管理员杰姬·安德森负责这件事。他们邀请我一起去机场联邦快递的货舱迎接章鱼。

我们坐进水族馆专用的白色货车。货车的后座已经被卸了下来，以便让水产货箱能够装上车。这时杰姬说："去机场接动物有时候会遇到麻烦。"她容貌秀丽，扎着马尾辫，是养殖水母的专家。有一天，杰姬被派到罗根机场，去接回从巴哈马群岛运来的水母。她每天的日程非常繁忙，这是清早的第一件差事，理应迅速完成。但是航空公司在运送单上把类别错写成了国内运输，这样一来就无法证明这批货已经完成了清关。杰姬早上8：00就到了机场，然后一整天都在跟航空公司理论。每过一小时，水母们焦躁乃至死亡的概率就增加一分。最后，到了下午4：00，精疲力尽的杰姬终于爆发，威胁说不要这个包裹了。航空公司方面的人马上做出了让步——因为据杰姬说，"他们不想让一堆死水母留在机场。"

无论如何，水母总算是活了下来。杰姬一边开车，一边又跟我们讲了从日本运来的乌贼身上发生的故事。

在得克萨斯州的加尔维斯顿，曾经有一个机构为进行水族贸易而饲养乌贼，但后来饲养设备毁于飓风。此后，日本便成了世界范围内出口乌贼的主要供应商，提供他们捕获的野生乌贼。然而，2011年的海啸破坏了福岛第一核电站的核反应堆，核污水渗进大海，从此所有从日本附近海域抓捕的动物体内都含有放射性物质。当这批带有放射性的乌贼被运到罗根机场时，不知所措的海关人员把他们扣留了三天——直到这些敏感的动物全部死光。

所以现在，我们水族馆干脆安排日方用船把乌贼运到纽约，然后派工作人员开车去那里接他们，因为纽约的海关人员更加熟悉这类不寻常的货物。

杰姬赶到机场联邦快递的第一个货舱，戴夫走进去咨询我们的货运情况。我们的货物正在距此不远的货舱中：那是一个84厘米×64厘米×64厘米的瓦楞纸箱，里面原本装的是一台27英寸的平板电视。纸箱上写着“此面向上”和“急件”，但是没有写“活物”。你一定猜不到里面装着一只章鱼。

20分钟后，我们开车回来，用尽全身力气搬动重达60千克的纸板箱，把它从货车上移到手推车上。斯科特把车推回水族馆的装载码头，推上电梯，直达冷水区。箱子里是一只定做的白色泡沫塑料桶。戴夫打开盖子，里面放着些用报纸包裹的冰袋，底下是一个容积约为110升的透明塑胶袋，上面缠着米白色的胶带并打了结。袋子上面的一层充有纯氧，下层则是约38升的水以及我们的章鱼。戴夫割开胶带，让我们看清里面的生物。

求你了，求你了，求你了，我默默祈祷，上帝保佑，你一定要活下来。

水里是一大团浅橙色的生物，身上布满白色的碟状突起。

“你醒着吗？”戴夫问他。我们看到一条漂亮的腕足卷了起来，然后开始扭动。

杰姬闻了闻水的味道，告诉我们：“闻起来他似乎很紧张。”袋子里的水散发着天竺葵的味道。杰姬向我们解释道，当水母感到焦虑时，也会发出这种味道。不过，不同的物种发出的气味也是不同的。海葵感到压力时闻起来又酸又咸。

她看了看塑胶袋里面，说：“里面看起来很恶心。”许多脱落的吸盘帽漂浮在浅黄色的水中，就像水晶球纪念品里面的人造雪花一样。对于正在迅速生长的动物来说，吸盘帽脱落是很正常的。不过，在海水中，这种碎屑会被冲走——塑胶袋底下形状细长的粪便也是如此。

我说：“没有人能在长途飞行之后还处于最佳状态，特别是你不得不待在装满了自己粪便的袋子里。”

戴夫说：“我好像坐过一次那样的航班。”

“你还好吗？”他问章鱼。章鱼的一条腕足无力地摆动着。

我们看不见章鱼的眼睛，但是我们能够通过虹吸管和外套膜，看到腮部微弱的呼吸变化。至少他在呼吸。

戴夫把一些脏水排到了地板上的下水孔里，然后杰姬拿了一把黄色塑料壶，从水池里装了些干净的海水，倒进塑胶袋里。章鱼用腕足尖端试探性地碰了碰塑料壶。

我们很想让章鱼从袋子里出来，却不希望他因为温度或是水质的骤变受到惊吓。杰姬给实验室送去了一个水样，以测量其pH值、盐度以及氨含量。戴夫测了一下塑胶袋里的水温，发现是7℃。而今天水池里的水是10℃。

在我们等待的过程中，我盯着塑胶袋里新来的章鱼，发现他右边第二条腕足的根部有一部分不见了。发生过什么事？章鱼还记得吗？或许记忆存在于那条丢失的腕足中。又或许其他腕足记得发生了什么事，他的大脑却一无所知。

现在这只章鱼又变成了深橙色，而我在思考着他曾走过的神奇历程。这个小东西，出生不过米粒大小，却奇迹般地生存下来，无助地在浮游生物中漂浮，直到长得足够大，开始生活在海底。我所面对的这个章鱼个体，曾在许多个月中一边捕捉猎物，一边躲开潜伏在四周，垂涎其肉体的鱼类、海豹、水獭和鲸鱼。胶袋里的这只动物在他短短的一生中，已经经历过难以想象的大小灾难。他拼命逃跑，在逆境中艰苦求生。在他成长的过程中，会不会曾经藏在被丢弃的酒瓶里？会不会被鲨鱼咬掉一条腕足，然后又长了出来？他曾经和潜水员玩耍过吗？是不是还建立过一座螃蟹养殖场？他是否曾在渔夫的捕鱼装置下幸免于难？他是否探索过沉船？这些经历又是以怎样的方式，塑造了他的性格？

我注视着水中，问道："你是谁？"

◇◆◇

再来看章鱼的时候，我们已经有了更多的了解：这位"他"其实是"她"，我们又迎来了一条雌章鱼。从来到这里的第一天起，她右边的第三条腕足就一直藏在身体背面，比尔检查了一下，发现那条腕足从头到尾布满了吸盘。

比尔告诉我："她特别活泼好动。"她应该有9到10个月大，体重4到5千克，比迦梨刚来的时候还要重些。

这次负责运送章鱼的人叫王垦，他在多年前运送过比尔深爱的乔治，不过与之前运送奥克塔维娅和迦梨的不是同一个人。

当我给王垦打电话时，他告诉我说："抓章鱼是很麻烦的，他们太擅长逃跑了。而你必须要找到一只适于展览的章鱼。13到 18千克重的章鱼是要产卵的，你不能抓。有些章鱼又太小，你也不能抓。"另一个问题是，每年的这个时候，大部分的章鱼都会缺一到四条腕足。

蛇鳕是一种凶残的食肉动物，有18颗锋利的牙齿，能长到约36千克重。他们在产卵时会恐吓或者咬伤章鱼，把章鱼驱逐出自己的窝，然后据为己有。也许我们这只章鱼就是因此失去了部分腕足。

前几次潜水，王垦都没有发现合适的章鱼，甚至连章鱼的影子都见不到。但是王垦不达目的誓不罢休，在第六次潜入水底时，终于发现了那只注定要来到波士顿的章鱼。

在水深约23米的地方，王垦藏在一块礁石后面观察，正看到她伸出吸盘。王垦轻轻地碰了碰她，她便从自己藏身的缝隙猛冲出来——一头撞进王垦预先张好的单丝网中。

王垦对我说："单丝网很柔软，当网丝划过你脸颊的时候，你甚至都感觉不到。你必须像呵护孩子一样，温柔地对待这些动物。你不可能猛地一下把他们拉出水面，不然会把他们吓坏的。"章鱼生活的水域温度比水面温度约低9.5℃，所以王垦只能将她从单丝网转移到一个装有约190升水的密闭容器中，然后慢慢地拖出水面。在这个过程中，章鱼既没有试图逃跑，也没有喷吐墨汁。

在过去的六周里，她生活在一个容积约1500升，1.5米×1.5米×1.2米的水族箱中，里面装有岩石和用于藏身的管道弯头。在头三周之内，章鱼就学会了当王垦拍击水面的时候靠近他，等着喂食。她尤其喜欢鲑鱼头和蟹肉。王垦没有设置固定的喂食时间，使她就像生活在野生环境下一样——也许这一天只给她一只虾，两天后却给她两只大螃蟹，让她大吃一顿。“她的体重增加得很快。”王垦对我说。

刚抓到她的时候，他估计她有3千克重。现在他觉得她大约有4千克重了。

那么，他是怎样诱使章鱼进入塑胶袋的呢？他说：“你必须说服这个有八条腕足的聪明家伙，不能强迫她进入袋子里面。这事儿可不轻松，得慢慢来。”他把一部分水从水族箱里导流出来，好让工作相对轻松一些，但仍然花了差不多一个小时才把章鱼哄进袋子里。

王垦在不列颠哥伦比亚养殖场还有另外三只章鱼，都已经被预订出去了。其中一只正等着她未来的管理员为她准备水族箱，另一只在等待检疫问题的解决。有时候，王垦不得不停下来，等天气好转时再运送动物。机场在下雪或大雾天会关闭，如果一只章鱼可能因天气导致的延机而滞留在机场，王垦是不会把他送出去的。

我把新来章鱼的近况告诉王垦，他很开心。

“我真高兴听到她的消息，”他说，“我爱他们。”

王垦是怎样看待诱捕、圈养野生动物的呢？他并不感到有什么不妥：“他们是来自野生环境的使者，如果人们不了解这些动物，看不到这些动物，也就无法帮助和管理他们。所以呢，知道他们会被送到值得信任的机构，在那里他们会得到关爱，人们会看到他们精神焕发的样子——这样很好，我很开心！你们这只章鱼一定会幸福地生活下去，会比在野生状态下活得更久。”

我一边同比尔和威尔逊一起俯身看着桶里的新章鱼，一边把王垦对我说的话转述给他们听。说话的期间，章鱼一开始呈接近巧克力的深棕色，之后变成了掺杂着粉色和棕色条纹的红色，最后又变得黯淡了些，呈现出斑驳的浅黄褐色。她弯曲的乳头状突起上布满了白色斑点，就像雪一样。

我问威尔逊："你觉得她怎么样？"

威尔逊说："我觉得她……她简直算得上性感！她身上有什么东西在吸引着我，我该怎样描述这种感觉呢？"我这位直率的工程师朋友说的话听起来简直太浪漫了。他梦呓般地说："你可以在她身上看到一些特别的东西。"

在我听来，这就像是一见钟情。这是不是他第一次见到自己妻子时的感受呢？他笑着说："你跑题了！"

威尔逊完全被她迷住了。"看这个花纹，这个颜色……"威尔逊有一双对颜色极其敏感的眼睛，这项才能也使他在立方氧化锆贸易中表现出色。他能在不使用珠宝专用放大镜的情况下，分辨出钻石和立方氧化锆（他跟一个搭档发明了一种机器，能通过测量导热系数，完成这项工作。有一次，他们把它带去一个宴会——嗯，然后导致了一项婚约的破裂。）威尔逊能看到更多章鱼的美，那正是我所不能及的。

也许是我对她的魅力视而不见。在失去迦梨之后，我恐怕很难一下子就移情别恋，喜欢上别的章鱼。我们的迦梨顽皮有趣，气场十足，情感丰富，我怎么可能不把新来的章鱼同她比较一番呢？

显然，这对威尔逊来说根本不是个问题。"她真是太漂亮了！"他又说了一遍。这的确是事实。她是一只非常出众的章鱼：健康，强壮，绚丽夺目。

克莉斯塔也很欢迎她。在新章鱼抵达的第一天，她就注意到章鱼的额头上有一颗白色的“眉心痣”。克莉斯塔说：“这点就像迦梨一样！我想这是一个好兆头！”

从新章鱼来的那天起，工作人员和志愿者们就一直在讨论给她起名字的事情。其中一些志愿者——他们的日常工作就是在向游客展示章鱼的时候，用一块红色的遮盖物挡住闪光灯——建议我们叫她罗克珊，说灵感来源于警察乐队关于妓女的一首流行歌（“罗克珊！你没必要挂出那盏红灯”）[①]。但是比尔另外选了一个，给她取名为羯磨。

为什么呢？比尔说：“因为当时是我给迦梨换了地方，然后她就死了，所以我才不得不为水族馆引进一只新章鱼。这种因果关系就是‘羯磨’。”

西方人在闲谈时，总是把“羯磨”当作“命运”“宿命”“天命”或“运数”的同义词。比尔之所以选择这个名字，是因为迦梨发生的那场意外，让我们感觉就像一场主人公受到命运捉弄的古典悲剧。伊丽莎白时代的大多数欧洲人相信，每个人的命运都是注定的，与行星和恒星的位置直接相关。现在仍有一些人这样想。

然而，比起所谓“命运”，羯磨有着更深刻，也更积极的含义，可以帮助我们变得更有智慧，更富有同情心。在印度教里，通过羯磨可以到达梵天的神国，梵天是至高无上的神，也是宇宙之本体，世界之灵魂。羯磨与命运不同，它是我们自己可以控制的。“决意即羯磨”，如是我闻。在印度教和佛教的传统里，羯磨是有意识的行为。羯磨不是注定的命运，而

① 警察乐队（The Police）是20世纪70—80年代风靡欧美的著名三人乐队，1978年的单曲《罗克珊》（Roxanne）为其成名作，歌词大意是劝妓女从良：“罗克珊！你没必要挂出那盏红灯，那些日子已经过去，你没必要把你的肉体出卖给黑夜。罗克珊！你没必要在今晚穿上那样的衣服，为金钱行走在街上，不在意这样是对还是错……”——译者注

是自愿的选择。

一周后，雄性圆鳍鱼仍在向那两只雌性圆鳍鱼献殷勤。一只橙色龙虾跑进雄鱼精心挑选的巢穴中时，雄鱼发了疯似的赶走了他。但是，两只雌鱼对巢穴地点并不感兴趣。

两只雌鱼从雄鱼身边游过，小飞船一样的浅灰色身躯，茫然的神情和大大的眼睛像极了吃惊的人类婴儿。比尔为雄鱼感到遗憾，他在想，是不是应该往水族箱里再放一只求偶期的雄鱼，来引诱雌鱼产卵呢？

与此同时，生活在淡水区的锦龟（painted turtle）基勒坠入了爱河。不幸的是，他所中意的对象并不是另一只海龟，而是一只瓜仁太阳鱼（pumpkinseed sunfish）。显然，他把水族箱里其他的鱼都看成了他的“情敌”。每次向太阳鱼女士献殷勤的时候，基勒就攻击那些靠近的鱼，并且撕咬他们的鱼鳍。正当水族馆管理员助手安德鲁·墨菲给游客们讲解这一现象时，基勒沉入水族箱底，在人们吃惊的目光中杀死了两只和鲦鱼相似的鳉鱼（minnow-like killies）。

在马萨诸塞州，查尔斯镇的工作室正在为巨型海洋水槽雕刻新到的珊瑚，而在加利福尼亚州，在企鹅馆里临时安家的鱼们却开始了争斗，有一条隆头鱼（hogfish）和一条蝴蝶鱼（butterfly fish）被咬掉了大块的鱼尾和鱼鳍。工作人员将他们移走了，等着慢慢康复。究竟谁才是真凶呢？克莉斯塔说，工作人员们打赌，要么是梭鱼（barracuda）巴里，要么是黑灰色的海鳗托马斯。一旦这个罪魁祸首被发现，工作人员将会把他移到企鹅馆的另一个安全区域，限制其行动。

驱使这些动物做出选择的因素是什么呢？为什么选择这个配偶，而不是另外一个？为什么选择这条线路，这场争斗，这个巢穴，而不是其他的呢？他们的行为举止是随机的，还是由经验决定的？是机械地对外界做出反应，还是出于本能呢？动物——以及人类——是否拥有自由意志？

有关自由意志的问题仍是哲学史上的重要辩题之一，如果它确实存在的话，有研究表明，它也存在于人类以外的物种中。

柏林自由大学的研究员比约恩·布莱布斯说："即便是智力低下的生物，其行动也并非我们想象中那样机械，那样有固定规律可循。即使是大脑中仅有十万个神经元的果蝇，也并非如此。相比之下，一只蟑螂有一百万个神经元。"他解释说，如果果蝇只拥有机械的反应，那么在一个完全空旷的空间里，他们将会随意地移动。于是他在它们身上粘了一些小铜钩，然后放进了背景为一片白色的环境中。

他们的活动路线并不是随机的。相反，还包含了一种叫利维分布的数学算法。这种搜索模式是一种有效的寻找食物的方法，据我们所知，信天翁、猴子和鹿也会合理地使用这种方法。因此，果蝇做出的选择同样是理性的，而非随机的。科学家在人类的行为中——如电子邮件和信件的往来，以及资金的流动——也发现了类似的模式。据布莱布斯观察，杰克逊·波洛克的绘画作品中也表现出了这种模式。

在进行选择时，果蝇甚至会表现出个体差异。大多数果蝇受到惊吓时都会飞向有光的地方，但也有一些例外，且表现出的紧迫程度各有不同。哈佛大学研究人员对果蝇在实验中表现出的个体差异程度感到非常惊讶——而且即便是基因相同的果蝇，个体仍存在差异。显然，与人类相似，果蝇在做出选择时往往受到恐惧、喜悦、绝望等情感的影响。另一项研究发现，那些因求偶遭到拒绝而沮丧的雄性果蝇更容易"借酒浇愁"——饮用实验室供应的含酒精液体食物，这一倾向性比已获得性满足的果蝇高出20%。

至于章鱼这样复杂的动物，即使置身于咸水桶中，他们可以做出的选择也多得数不过来。我拍打水时，羯磨爬到了桶顶边沿，对于我们的到来表现得特别镇定。平时我们跟她玩耍时，她总是呈现出近乎纯白的颜色。她还算活跃，但远不像迦梨那样好动。她喜欢用她的大吸盘吮吸我们，有时候力气大到造成的印痕过上24小时都不会消失。当我们试着碰她的腕足尖端时，她会从我们手中缩回腕足。大约20分钟后，她就会明显地放松下来，温和地抱着我们。但不一会儿，她就又会抓住我们，而且抓得更紧，仿佛在提醒我们："我的力气很大，足够把你们拉进来。我也可以很温柔。完全在于我的选择。"

好吧，有一个周末，羯磨可是一点也不温柔。当安德鲁打开咸水桶，喂她小鱼时，她伸出腕足抓住了他。她扭动身躯，身体变成了亮红色，上下翻转过来。令安德鲁感到惊奇的是，他在羯磨腕足的交汇处看到了她的喙状嘴。安德鲁意识到，她正试图咬他。

安德鲁一如既往地镇定。他今年25岁，从6岁开始养鱼，7岁就设法让他们交配繁殖。当他家水族箱里的鱼全都翻白死掉时，他没有哭闹，而是让妈妈给他剪刀，以便解剖尸体，查明哪里出了问题。如今，他和别人合伙开了一家公司，为热带鱼水族箱提供设计和维护。他非常习惯和水生动物相处，以至于一年前，他在街道对面的便利店癫痫病突然发作时，他想到的第一件事就是回到水族馆。确切地说，是回到南美食人鱼的水族箱后面，在一个自己觉得安全的地方让癫痫病发作出来。

因此，在遭到这只太平洋巨型章鱼的攻击时，他只是冷静地把羯磨的吸盘从自己身上剥离开来，然后把她塞回桶里，淡定地说了一句："小妞，别对我毛手毛脚的。”

羯磨突然不喜欢安德鲁了，这看起来似乎很任性，就像雌性圆鳍鱼对热情的追求者始终漠不关心一样。说到这里，那条不知疲倦的雄鱼仍然没有放弃。他的巢穴干净得无可挑剔，礁石上寸藻不生，无比光滑，足可给成百上千的珍贵鱼卵提供庇护。没有海星或海胆敢靠近他精心保护的地方，那只龙虾也被拒之门外。雄鱼在展箱靠近水面的地方来回游动着，就像一只来回踱步的老虎，拼命想要用他的豪宅引起注意，获得哪怕其中一条雌鱼的青睐。然而，但是，可是，姑娘们仍然对他视而不见。

比尔同样也没有放弃希望。“也许，下一周……”他说。

我是要错过圆鳍鱼罗曼史的下一章了。下周四是情人节，我将带着我丈夫的祝福，只身到西雅图水族馆去约会，横跨这个国家去看两只章鱼交配。

这个水族箱的容积超过11000升，分为两层，上层装有心形的红灯，玻璃上装饰着亮红色的心形图案。一束扎着红色缎带的塑料玫瑰漂浮在水里。上午11点，人开始多了起来。156名学生乘校车来到了这里。

妈妈们推着比购物车还大的婴儿车。还有88个小学二年级学生，19个成年监护人以及来自其他小学的5岁大小的孩子。参观的人群中有四分之三是孩子，但成年人也不少。一个扎着红色马尾辫，穿着黑色皮夹克的家伙告诉我，过去四年的每一个情人节，他都会和女朋友来到西雅图水族馆，参观一年一度的章鱼相亲会。

“这真是太疯狂了，不过也够带劲儿的。”全美广播公司西雅图分部，KOMO电视台的一位摄影师说。他会将章鱼相亲会拍摄下来，剪辑后在四点档、五点档和六点档的新闻中滚动播出。过去九年以来，章鱼相亲会已经成为西雅图水族馆的常规活动，它是“章鱼周”活动中最吸引人的一幕，也是水族馆最有人气的年度盛事。通常情况下，冬季的每个工作日只有三四百人来参观，周六和周日顶多有上千人——但“章鱼周”的周末会吸引多达六千名游客。

31岁的凯瑟琳·凯格尔是水族馆里研究无脊椎动物的首席生物学家，她说：“想想也挺有意思，他们来这里就是为了看两只章鱼交配。”话虽如此，她自己也觉得这是一年中最激动人心的日子，尽管她在这里已经工作了七年。

“我见过他们交配，看上去就像是用腕足团成的一个球，根本看不出谁是谁。”凯瑟琳在水族馆工作期间，从没错过一次章鱼相亲活动。她估算出“他们互相感兴趣的可能性约为50%”。两只章鱼也有可能什么都不做。还有可能其中一方会攻击另一方。当出现后面这种情况时，她和另一个潜水员就会努力把他们分开——如果可以办到的话。她承认说：“不过，他们的腕足实在是太多了，很难分得开。”

有一年，雌章鱼杀死了雄章鱼，然后开始吃掉他。幸好，这一幕并没有在游客面前发生，而是在水族馆闭馆后，当时两只章鱼继续待在同一个水族箱里。还有一次，一只章鱼设法移走了用来隔开两个水族箱的屏障，然后在相亲会之前的那个晚上，两只章鱼提前交配了。所以现在，屏障的四角用螺栓和绳索绑得严严实实的。

章鱼有八条腕足以及六颗同时跳动的心脏，所以你可能认为，章鱼之间的性行为将为印度《爱经》[①]里描述的技巧提供现实基础。但是，和其他

①《爱经》（Kama Sutra），印度古代典籍，其中有关于房中术的介绍，不乏难度颇高的姿势。在今天，它被当成性爱宝典的代名词。——译者注

海洋无脊椎动物比起来，章鱼简直算得上保守的老古董了。就拿一种拉丁学名为*Chromodoris reticulata*的海蛞蝓来说吧，他们生活在日本近海的浅水珊瑚礁中，是一种裸鳃亚目动物，雌雄同体，能够同时进行受精和受孕。一只海蛞蝓的阳具进入另一只的阴道，同时后者也把自己的阳具插入前者的阴道。这还没完呢。几分钟之后，他们的阳具会脱落，沉到海底——然后过上24小时，他们又会长出新的阳具。于是他们可以就这样一轮又一轮地性交下去。

虽然也有例外，但大多数章鱼通常会以两种常见方法进行交配：雄性压在雌性身上，和大多数哺乳动物一样；或者是肩并肩。后者有时也称为远距交配，这种交配方式可以降低章鱼交配后吃掉对方的风险。（在法属波利尼西亚，一只巨大的雌性霞水母章鱼和某只雄章鱼交配了12次——然后在第13回合结束后，雌章鱼将雄章鱼闷死，并在接下来的两天里，在巢穴中吃掉了他的尸体。）远距交配听起来像是安全性爱的最高等级。雄章鱼将其交接腕足伸出一段距离来与雌鱼交配。对某些种类的章鱼来说，他们甚至不需要离开身边的巢穴，就可以完成远距交配。

由于章鱼很难发现，也很难观察，人们对他们的性生活知之甚少。也许交配过程中发生的许多事都会出乎我们的意料。雄章鱼为了雌章鱼互相争斗，战况惨烈：一只雄章鱼可能会咬下对手的生殖器官——交接腕，然后吃掉。

蒙特雷湾水族馆的研究员克里西·哈法德于2008年发表相关论文，证实了印度尼西亚一带的章鱼之间惊人而复杂的交配体系。她发现，雄章鱼即使发现有些“鬼鬼祟祟的雄性”会与他们选定的雌性通奸，仍会保护自己的配偶。2013年，研究员发表报告称，那些异常美丽，最近被重新发现的太平洋条纹章鱼（Pacific striped octopus）生活在多达40种动物的群体中。他们两性共栖，嘴对嘴交配。他们一生之中产出不只一窝，而是很多窝卵。

凯瑟琳对今年的这对太平洋巨型章鱼怀有很高的期望。他俩一个叫“大雨”，一个叫“小水枪”。大雨是一只雄性章鱼，重达29千克。凯瑟琳把他描述为“一只体形巨大、完全成熟、容易相处的章鱼。”五月份的时候，他在水族馆附近的海域被打捞上来，之后非常迅速地发育长大。一名志愿者发现，大雨自从来到水族馆后已经长大了两倍。他还告诉我说：“大雨每一个星期都会有明显的成长。”大雨是一个帅气的家伙，有着漂亮的红色躯干。他的一个大吸盘吸附在水族箱的玻璃上，吸盘直径约6厘米，大到足以举起超过11千克的重物。

以前他会翻来覆去地玩各种玩具，尤其喜欢玩印有华夫格的皮球，水獭很喜欢玩这种又湿又软的玩意儿。但最近这些天，大雨对玩具没有以前那么热衷了。也对，他已经长大，是时候丢弃那些幼稚的东西了。

两周之前，大雨就已经在水族箱里排出了两个精原细胞。它们看起来就像是透明的长条形蠕虫。水族馆管理员看到精原细胞，还误以为大雨被寄生虫感染了。事实上，这两个精原细胞是大雨处于发情期的证据。发情期过后，他短暂的生命便将迎来终结。

雌性章鱼小水枪的体形较小一些，重20千克左右，十分害羞。当她第一次被放在水族箱里展览的时候，她就为自己建了一个小窝，这是其他章鱼不常做的事。之所以称她为小水枪，是因为她经常喷水——不过大部分都喷在亚克力（一种有机玻璃）墙上。她喜欢待在打开的广口瓶里，尤其是在晚上。

这两只章鱼经常会进行接触，他们通过两个水族箱之间的多孔隔板进行互动，用吸盘品尝彼此的味道。

章鱼相亲会在正午时分进行，我11：30就提前抢占了一个好位置。从上面看，整个水族箱顶部较小，底部较大，中间由无障碍通道相连接，这个通道经常被有孔的树脂玻璃隔板分成两半，呈现为一个横置的怪异8字形。每个水族箱后部都有一面石壁，为每只章鱼提供至少一个良好的藏身之地。海星和螺类经常在箱底的沙子上活动，六线鱼（greenlings）和另外两个不同品种的淡黄色鱼类在水中神经质地游来游去。有时候某条鱼会突然消失，那就是被吃掉了。

一开始，大雨在水族箱上部的一个角落里休息，但随后逐渐变成红色，开始四处游荡。然后他回到角落里，呈现出斑驳的浅灰色。一个穿着皮夹克的小伙子搂着他的女朋友说："要是我在游泳的时候突然看到这样一只章鱼，我肯定会惊呆的！" 小水枪在她稍小一些的水族箱中，比大雨更加活跃。她呈现出惹人喜爱的深橙色，身上还有很多乳头状突起。

11：35时，水族馆的广播开始播放巴里·怀特欢快性感的低音——"宝贝，我对你爱爱爱不完。"此时，凯瑟琳穿着红色的防水服，正把一架折叠梯放到水族箱旁边。她和她的同事卡蒂·梅斯准备移除用来固定两个水族箱之间屏障的螺栓和绳索，然后鼓励章鱼穿过通道。

"今天，我们要为章鱼们举办一场相亲会，"主持人通过扩音器说，她介绍自己叫罗贝塔，"如果你想坐在水族箱的前几排，请坐在地板上。如果你想站着的话，请站在坐着的人后面。"

一位老师让那些小学二年级的学生们在地板上坐下，他说："小朋友们，请盘腿坐好。"在我身后，人群在水族箱周围围了整整十二排。

“我们的章鱼总是出人意料，”主持人接着说，“我不能保证他们会在哪儿。如果你看不见，可以看白色桌子后边的大屏幕，水族箱里的情况会显示在上面。请大家不要站起来走动，待在原地等几分钟，看看会发生什么。十分钟后，我们的章鱼相亲会即将正式开始！”

所有的孩子都激动不已，放声尖叫。

背景音乐达到高潮，黑人歌手罗伯塔·弗莱克的声音唱着：“宝贝，我爱你！”

为了打发等待的这点时间，一位老师向孩子们示范，如何跟着节拍进行“律动”。“挥动你的双手！”她就像布道者在复兴会上一样大声喊道，“让你们的手动起来！”

11：55时，罗贝塔再次向站在大雨所在水族箱较大一侧前的人们喊话：

“大家情人节快乐！现在，让我来介绍今天相亲的主人翁。这位，是成年的雄性章鱼，大雨。”她说着又指向那个正在水族箱上端角落休息，长满吸盘的灰色圆球，“而在这个小水族箱里面，是我们的雌性章鱼，小水枪。这是他俩第一次见面。章鱼这种动物非常孤僻，除非到了生命的尽头，他们是不会结交其他章鱼的。”

大多数人都站在大雨所在水族箱较大的一侧，因此没有看见凯瑟琳和卡蒂已潜入水中，将固定住屏障的螺栓解开了。

“你们当中有多少人相过亲呢？”罗贝塔即兴发挥说，“相亲有时候会成功，有时候会失败。让我们拭目以待吧！”

当潜水员移开屏障的时候，罗贝塔向人们介绍了章鱼的一些物种信息，包括体形尺寸、寿命和生长速率。然后她说：“我们的潜水员正在鼓励小水枪过来，和大雨见见面。”

现在，我们可以看到小水枪正朝我们移动，她的身体由于激动而变成了亮红色。她趴在水族箱底的沙子上，目标明确地朝着大雨缓步前进。此时大雨的身体已经从浅灰色变成了红色，但他依然一动不动。小水枪左边的第二条腕足开始向大雨伸去，在距离大雨最近的一条腕足还有不到90厘米时，一个亮白色眼点出现在她的“前额”上。12：10时，她又陆续朝大雨伸出第二条、第三条腕足。当她碰到大雨的一瞬间，大雨猛地从石壁上垂下身子，与水族箱底的雌性章鱼相会。

大雨猛地冲进她的腕足之间。小水枪将全身上下翻转过来，将她乳白色、毫不设防的身体下部展现在他面前。他们拥抱着、亲吻着，用成百上千个闪闪发光、极其敏锐的吸盘品尝对方、牵引对方、吮吸对方。他们的身体因为激动而泛红。

最后，大雨用他的腕间膜将小水枪完全裹住，就像一个绅士在寒冷的夜晚，用大衣裹住他的妻子一样。透过树脂玻璃屏障，我们只能看到她的寥寥几个吸盘。

凯瑟琳和卡蒂还趴在水族箱的顶上，像两个丘比特一样俯视着这对情人。对生物学家来说，这是一个紧张的时刻，因为每一次章鱼相亲会都存在风险。“我们必须一直保持高度警惕。”凯瑟琳告诉我，“不过这种风险在野生状态下是普遍存在的，所以发生任何事情我们也都能接受。” 话虽如此，凯瑟琳和卡蒂与这两只章鱼的私交都不错，她们喜爱这两只章鱼，并不想看到他们受伤，因此衷心希望相亲能够成功。曾有一些雌性向雄性喷射墨汁，然后试图逃离，所以小水枪主动接近大雨是个好兆头。

现在，两只交配中的章鱼没了动静，孩子们于是离开水族馆，朝校车走去。许多孩子都感到困惑，因为对他们来说，人类性行为就已经很难理解了，更何况章鱼。一些成年人仍在逗留和观看。两个男人站在水族箱前面，手挽着手，神情肃穆。一名短发女子不知道那是交缠在一起的两只章鱼，还以为只有一只。她疑惑地问："他们是在做吗？另外一只去哪儿了？"

两只章鱼已经停止了动作，但是大雨身体的颜色正变得越来越淡。我身后的一个男人说："不管怎么说，这是在约会。他们肯定在继续交配。"

"也许是精神上的交流。"一位女士回答。

另一位女士担心地问："他会伤到她吗？"

卡蒂解释说："这样的事确实发生过，我们也无法控制。但目前来看，大雨正在以一种舒缓的频率做着深呼吸，小水枪也没有试着逃跑，这说明他们进展得很顺利。"

"这是我见过的最漫长、最温柔的交配了。"凯瑟琳说。

两只章鱼现在已经非常平静。12：35时，大雨变成了纯白色，那是当他感到十分满足时才会呈现的颜色。"他们完事儿啦，正在抽烟呢。"我后面的那位男士轻声笑着说。

"他从来没有这么白过。"一位高个子男士说道，他的雨帽下露出齐肩的卷发。自从我来这里占位置，他就一直在注视着水族箱里的情景。

"噢，太美了，他们真是太美了。" 他温柔地说。

这个男人叫罗杰。他向我们透露，自己在过去的一年里每周都要来两次水族馆，主要是为了看章鱼。当他日子过得还不错的时候，他花钱办了水族馆的会员证。可在那之后，他的母亲患乳腺癌去世了，他把房子抵押出去，未能赎回。如今他住在罗盘中心，一个无家可归者的收容所。

他在给章鱼们拍照，用作一幅画的参考图。那是他为罗盘中心创作的，一幅2.4米×3.6米的油画。“这幅画将作为一件礼物，回馈给那些善待我的人。”起初他想画一只虎鲸，但现在看来章鱼更为合适——因为罗盘有8个方向，章鱼也有8条腕足。水族馆所有的动物中，章鱼是他的最爱。

他说：“来这里就像是一场冥想。活在这样的世界上很辛苦，情绪很容易失控，但是跟章鱼待在一起，我就能平静下来。”最近，他暂住在一个朋友的公寓里，好日子就要来了。

“和这些家伙相处，我的心灵恢复了平静，”他对我说，“也让我有时间去享受身边发生的那些好事。”

校车开走了。现在还留在水族箱前的游客大多是成年人，他们似乎都看得出发生在我们面前的一幕是多么甜蜜。

“这不仅仅是性爱，”罗杰向大家解释说，“更是章鱼一生中最辉煌的时刻。”

我没有听到任何窃笑声，也没有人开玩笑。一些路过水族箱的情侣手牵着手，在这里停下，仿佛在参观一个教堂里的壁龛。他们注视着章鱼，注视着另一对恩爱的情侣，也仿佛在注视着他们自己，共同享受着这一刻。人们静静地看着章鱼，人群中传来的喃喃低语带着对生命的敬畏。

“哇，他好白啊。”

“看，他皮肤上的那些突起！看起来毛茸茸的，跟小羊羔一样。”

“他看起来真高兴。”

“嘿，满足了吧。”

“他们在一起真安静。”

“好可爱啊。这两个美丽可爱的小家伙。”

“他们真漂亮，简直漂亮死了。”

从我右边传来一个小得几乎听不见的声音。

“我爱你，大雨。”我听见罗杰柔声说道，“我爱你，小水枪。”

已经快三个小时了，这两只章鱼几乎一动不动。围观的人们像浮游生物一样徘徊着，评论的声音也像触角一样飘忽不定。

“章鱼的内脏全部装在那个看起来像鼻子一样的东西里！”博物学志愿者对一个五岁的孩子解释说。

“他们的腿从嘴里伸出来了！”另外一个孩子说。

“他们在情人节交配？”一位女士对她男朋友说。

“他们怎么知道今天是情人节？”

2：15，水族馆的博物学家哈里亚纳·查尔斯道姆走了过来。

“精囊向交接腕移动的过程，就像射精一样；”她告诉我，“交接腕膨胀起来，就像阴茎充血勃起。”

精囊确实是由藏在覆盖层里的生殖器发育而来的。一个精囊从套膜内部移动到虹吸管，这个有弹性的虹吸管通往茎化腕的沟槽，然后将精囊注入沟槽。接下来，精囊顺着弧形的沟槽下滑，在挤压下运动到茎化腕的尖端——交接腕。

在交配过程中，当雄性章鱼将精囊传递给雌性章鱼时，雄性一方的心跳会暂时间断，雌性一方的呼吸则会变得急促，就像我们人类一样——也没道理不和我们一样。

哈里亚纳说：“他们有和人类一样的神经递质。”

每只章鱼都各不相同。哈里亚纳回忆起一只章鱼，他对坐着轮椅或者手拿拐杖的人“很感兴趣”，只要有这样的人出现在他的视线中，他就会凑近去看。另一只章鱼特别喜欢盯着小孩子看。

被捕获的陆上猛兽，比如老虎，也常常表现出类似偏好。笼中的老虎经常会目不转睛地盯着身体残疾的人，或许是因为他们知道这样的猎物更容易捕食。国际野生老虎保护联盟的主席彼得·杰克逊曾注意到，马戏团的老虎在一次表演当中，一直盯着他患有唐氏综合征的孩子。我朋友莉兹的女儿斯蒂芬妮坐在轮椅上经过的时候，动物园的老虎们一齐转过头来盯着她。

但是章鱼一定有和老虎不同的原因，人类并不是他们的猎物。或许是因为这些金属轮椅和拐杖像银色的鱼鳞一样闪闪发光，又或许他们只是好奇，为什么这些人与身体健全的人走起路来不一样。

2∶50，大雨和小水枪轻轻地动了起来。这一幕看起来宁静而温馨。他把一对吸盘贴在了小水枪脸上，仿佛在亲吻她的脸颊。

3∶07，卡蒂说：“看起来快要结束了，他们正在分开。”此时，小水枪的大部分身体都贴在水族箱的玻璃上，她腕足下侧布满了白色的吸盘，吸盘之间露出粉红色的皮肤。她的头部和套膜现在都变成了灰色，偏向一侧，靠在他的怀里。一只好奇的六线鱼慢慢接近，盯着他们。

哈里亚纳说：“她很紧张。”她告诉我，水族箱里曾经有一只狼鳗，名叫吉布森，“他经常侵入他人的巢穴。”在他住在这里的三年里，经常和章鱼争窝。他有时会咬下一小块章鱼的腕足，有时也会被揍得很惨。

我们又等了很久，他们都没动静。我们开始急切地盼着他们分开，然后观察他们接下来会做什么。哈里亚纳说：“我知道在我喝咖啡的时候他们就会行动。我知道是这样，对，一定是这样的。”然后我们继续盯着水族箱。

3：45，大雨浅色的腕间膜上出现了一些深色的斑纹。小水枪突然露出脸和眼睛，呈现出鲜红色。我们仍然没看到她张开外套膜。罗贝塔爬上梯子俯视水族箱，但她找不到更好的视角。

4：05，小水枪用吸盘一步一步地缓慢移动，沿着水族箱侧壁往上爬。大雨此时呈现出浅红色，小水枪的颜色就比他深了许多。两分钟后，她停了下来。

一对年老的爱尔兰夫妇走过水族箱。“利奥，快看，他们正在交配！”老太太操着一口迷人的乡音向丈夫喊着。她对我说，她原以为那些不动的章鱼只是纸板图案，直到无意中听到了志愿者的讲解时，才知道发生了什么。接着，她转向丈夫，激动地说：“这样的体验简直太美好了！真是太感人了！”但她年老体衰的丈夫似乎并不理解，只是张着嘴，紧紧抓住自己的助步器。但是妻子兴致满满地向他分享她的发现，十分兴奋和激动。他们一定在新婚时感受过这样的喜悦。

4：37，大雨开始慢慢移动他两条腕足的末端。他再次变成了白色。小水枪现在侧躺着，嘴巴和周围的吸盘吸附在玻璃上。她最大的吸盘有一块银元那么大，腕足伸向各个方向，就像四射的星光。大雨的腕足和身体在小水枪的脑袋和套膜附近不停地磨蹭缠绕，虹吸管开始上下起伏。小水枪似乎有些烦躁不安，她的一些吸盘浮动起来。

5：03，小水枪仍在水族箱侧壁上缓慢爬行，两条腕足向上伸展。她的第三条腕足似乎是在爱抚大雨，大雨也把一条腕足搭在了她身上。

5：10，他们突然分开了，小水枪的身体变成了亮橙色。他们突然舒展开身体，腕足与腕间膜呈爆炸状铺散开来。大雨向他的右方喷出墨汁。小水枪也跟着喷出一股墨汁，击中了漂浮在水面的塑料玫瑰。然后她在水族箱底歇了一会儿。约90厘米长的白色精囊像绳子一样从她张开的外套膜蔓延出来。

“他们已经分开了！”哈里亚纳通过对讲机对值夜班的生物学家说。

“收到。”生物学家回答。

小水枪开始咳嗽（章鱼咳嗽时腮部会变红，他们的腮部原本是灰色的），她的身体变成了白色，然后又变成了红色。两只章鱼在水族箱里互相追逐起来。

他们看起来就像在风中飘摇的两面大红旗。当大雨向右移动，回到他原来的栖息地时，小水枪开始往左边移动，从岩石中间穿过，朝管道游去。她的腮部又变红了，随后，她转向大雨，朝他游回去。似乎她正去他栖息的角落里追赶他。她把腕足伸向大雨，大雨也用自己的两条腕足抓住了她。他开始拉着她一起，再一次向左边移动，一条，两条，三条，现在有四条腕足缠绕着彼此。然后他们又分开了。

5：23，小水枪开始游动，她的腕间膜如降落伞一样朝着水族箱底的沙子伸展开来。随后，她收起了身下的腕足，沿着玻璃向上爬去，想钻进水族箱上端的角落里。这是在他们相识之前，大雨经常蜷缩的地方。大雨则转身退开，去了一个更狭小的角落。

哈里亚纳说：“我还从没见过章鱼在交配之后，还有这么多动作！”

5：26，他们似乎已经平静了下来，分别待在水族箱的两端，和今早上他们所处的位置一样。不过，他们现在的位置却颠倒过来了：小水枪待在大雨的大水族箱里，大雨正将两条腕足伸向过道，准备进入小水枪的小水族箱。

“他今早醒来时还躺在又大又漂亮的房间里。”我身边一位衣着整洁，满头银发的男人说，“然而，这只雌章鱼跑过来和他交配之后，一切就变了。现在他不得不搬去一个又小又寒酸的新住处。我打赌他肯定在想，‘我就不该跟她搅在一起！’”

水族馆下午六点关门的时候，这两个家伙仍分别待在水族箱的两头。值夜班的工作人员并未吩咐在他们之间设置屏障。

第二天早上，当我再去看他们的时候，两只章鱼已经回到了各自原来的位置，之前的屏障也恢复了。小水枪的套膜上原本挂着一条柔软的白色尾状物，那是精囊的末梢，但现在它已经不见了。人们没能在水族箱底部找到它，但它已经完成了自己的工作。当两只章鱼交配时，精囊里的70亿个精子就会喷射出来，进入雌性章鱼的输卵管内。现在，精子应该已经贴在小水枪的受精囊壁上了——那是一种腺体，精子在那儿可以生存几天，几周，甚至几个月，直到她选一个时间让卵细胞受精。

◇◆◇

三月标志着一个新的开始。我回到新英格兰水族馆后，发现除了巨型海洋馆的一块玻璃嵌板以外，其他都已准备就绪。最大的珊瑚雕塑也已经雕好并安装好了，都是在真的珊瑚基础上加工而成的。比尔已经离开，跟着考察队奔赴巴哈马群岛，计划从1000种新发现的生物里采集约400种样本。刚翻新的暗礁将会为这些新来者提供藏身之处。尽管现在水族馆内满是锯子和钻孔机发出的刺耳声音，弥漫着树脂的气味，但美好的未来已经展露出雏形。

一天中午，我们一起在自助餐厅吃午餐，克莉斯塔向我们描述了她和丹尼未来十年的规划。

“有一个与你不同的双胞胎弟弟，并不是一件轻松的事儿。”她解释说，“你们共同来到这个世界，然后，一些事情发生了……”

她读大学的时候，没能把丹尼带着一起去，这令她感到生气和沮丧。现在，她的目标就是确保他们能够在一起生活。她憧憬着将这份临时的兼职工作变成长期的全职工作，然后攒够钱，为她和丹尼在水族馆附近买一套两室公寓。她希望丹尼也能来水族馆工作，也许是在水族馆的礼品店。考虑到一个更高的生物学学历或许有助于自己在水族馆转正，她每周在这里工作四天，晚上则在酒吧上班，以便筹集两万美元的学费，准备去上哈佛的拓展培训班。到时候，她将一边工作，一边攻读硕士学位。她说：“虽然压力很大，但是我能挺过来。”

玛莉安近来受到头疼的困扰，已经有几个星期没来参加水族馆的“奇妙星期三”系列活动了。不过，有一天她突然带给了我们一个惊喜：她要结婚了。

我们见到了她的未婚夫，他名叫戴夫·莱普茨尔特，一头褐发，戴着眼镜，是波士顿大学的生物学博士后。他喜欢《星球大战》，喜欢他们养的九只宠物鼠，也喜欢水蟒。

他们还没有确定结婚日期，但是已经找好了司仪牧师——斯科特，玛莉安的导师，也是她心目中的英雄。（斯科特虽然既不是牧师，也不是治安法官，仍欣然接受了邀请。他和妻子塔妮娅·塔拉诺夫斯基当年结婚时，主持婚礼的就是一位生物进化学家，莱斯·考夫曼。他们还把婚礼放在动物园里举行，让斑马和长颈鹿们来见证那一时刻。）

与此同时，安娜也在因一件事情而难过：她最好的朋友不能和自己一起庆祝17岁生日了。每个月中旬都值得纪念，因为每月15日都是夏利亚的忌日。但是上个月却有些不同，她去了夏利亚的墓地，放声大哭。“我一直承受着这痛苦的记忆。事情已经过去了，可怕的记忆却在我脑海里挥之不去。但是现在……”她下定决心，“我要振作起来！”

在她满17岁的那天，她选择和羯磨、奥克塔维娅、海鳗、水蟒、喀迈拉、圆鳍鱼，以及斯科特、比尔、威尔逊、戴夫、克莉斯塔、安德鲁和我一起度过这个重要的日子。克莉斯塔烤了一个迷你纸杯蛋糕，并加上章鱼形状的冰块装饰。我做了一个圆环蛋糕，上面插着贴在牙签上的章鱼旗帜。威尔逊送给安娜一个很特别的礼物——一个巨大的海马标本，那是他从数十年周游世界所搜集的自然历史藏品中挑选出来的。他不停地在把这些东西送人，因为他要离开曾经跟妻子同住的大房子，搬去一套小公寓了。

几乎每个星期三，他都会带贝壳、书籍和珊瑚给我们。他把虎鲨的颌从墨西哥运来，捐给了水族馆。有一次周末，在安德鲁的帮助下，他把自家养的最后一条鱼——一条维多利亚湖丽鱼（Lake Victoria cichlid）——以及装鱼的水族箱一起打包，送给了克莉斯塔。

威尔逊的妻子也搬走了，从临终关怀医院回到了辅助生活社区。不知道为什么，她的怪病突然就不发作了。医生已不再认为她会很快离世。

每一次与章鱼进行新的互动，我们都会发现其中蕴含着无限的可能性。羯磨被切断的腕足开始再生了，对安德鲁的态度也有所好转，她正在成长为一只异常冷静的章鱼。她对威尔逊、比尔和我一直都很温柔，会一边轻轻吸吮我们，一边用两条腕足触摸我们。她有时会把头伸出水面看着我，让我抚摸她的头。很多时候，她是纯白色的，因此我们有时叫她白雪球——不过她也会变成其他漂亮颜色，特别是当玩到她最喜欢的玩具时。她特别喜欢从海豹那边借来的“贡牌”[①]紫色橡胶玩具。有一天，她从早上到闭馆都抱着那个玩具，同时将套膜和腕足的底色变成牛奶巧克力色，又在上面变化出一系列紫色的纹路，使其与玩具的颜色相配。

奥克塔维娅的卵已经明显开始萎缩，但她仍然很细心地照料着他们。她似乎给了向日葵海星一个教训，因此海星乖乖待在自己的位置，尽量远离奥克塔维娅的卵。

新英格兰水族馆离章鱼生活的海域较远，因此无法将奥克塔维娅放归大海。太平洋巨型章鱼不能放到大西洋海域去；而就算不考虑经费问题，把已届高龄、体形巨大的奥克塔维娅用飞机送回故地——不列颠哥伦比亚地区的太平洋海域——也是很危险的事情。

我不禁想起了小水枪和大雨。西雅图水族馆就可以选择在章鱼生命的最后阶段，让他们重获自由——因为该水族馆临海而建，离章鱼生活的海域只隔几米远。在章鱼相亲会之后的几个星期，小水枪和大雨就被放回原来他们被捕获的地方了。

我多么希望亲眼看到小水枪和大雨重获自由！不过我看过一段网络视频，内容是一只名叫杜德的太平洋巨型章鱼被释放的过程。杜德在不列颠哥伦比亚省悉尼镇附近的海域被捕获，然后在当地的萧氏海洋探索中心生活并展出了七个月。他被捕获时和羯磨刚来我们这里时一样，只有4千克重；而释放时，他已经有22.5千克重了。

视频中，足足一个小时，章鱼杜德的四个潜水员朋友一直陪着他，在

① 贡牌（Kong）是美国的一个宠物玩具品牌。——译者注

他周围游动。

杜德的身体呈亮橙色，布满了大颗的乳头状突起。他将前边的腕足向后卷起，特意迈动后边的两条腕足，大步跨过泥质的海底。有时，他会停下来，用吸盘捣鼓一下摄像机，时不时把镜头弄得模糊。负责照料他的一名水族馆员还在视频下附言，称杜德抓了一只螃蟹吃，此外还探测了好几个可能作为巢穴的地点，尽管这些并没有直接出现在镜头中。

水族馆员写道："我和他一起度过了一段美妙的时光。他是一只非常合群，喜欢社交，全面发展的巨型章鱼。看着空荡荡的水族箱，心里真的很难过。我们会想念他的。再见，杜德！"

视频的一位观众留言安慰他说："很遗憾，你们不得不离开自己的好哥们。不过他现在可以找一只母章鱼啦，然后生很多的小杜德。"

水族馆员和章鱼之间的喜爱是相互的。在他们一起游向海中时，这只巨型章鱼可以轻易从他们身边溜掉，却没有选择逃跑，而是待在他的人类朋友身边。直到氧气瓶接近耗尽，这些潜水员才不情愿地向杜德告别。其中的一个潜水员写道，他是"世界上最好的太平洋巨型章鱼"。

我看着视频，渴望着自己能够回到大海中，去看看那些野生章鱼。在那无垠的大海中，章鱼们拥有无穷无尽的选择。等夏天到来，我就有机会实现自己的愿望了。

Karma

◇ ◆ ◇

意识

思考·感受·了解

我已进入天国一般的蔚蓝色海洋，却惊慌失措像块石头一样猛沉了下去。

几分钟前，我从船舷边朝后翻身，跳进了汹涌的海浪中。做这样的动作是有原因的。我们的船“奥普诺胡湾”号只有6米长，对于要用跨步式入水法的潜水员来说太小了，于是我采用了背滚式入水法——之前在墨西哥进行人生中第一次潜水时，我就学会了这招。这种入水方式要求你坐在船舷边，面向船内，一只手将面镜和调节器按在脸上，另一只手抓住面前的通气管，下颌贴近自己的胸部，后滚翻入水——我的潜水手册说这个动作会让你“稍微失去方向感”。

不过一切都很顺利，我通过信号向海面的其他潜水员报了平安。之后，我们抓着“奥普诺胡湾”号的锚绳，从上到下手拉着手，继续向下潜了大约6米。一切顺利——直到我不慎漏掉了浮力补偿装置里的空气，沉了下去。现在我正飞快地沉入海底，头朝下，就像只被翻过来的海龟一样无能为力。从我这个位置往上看，正好能看见船的白色底部，它正与我渐行渐远，就像一场噩梦。

幸好我的潜水搭档基思·埃伦博根及时抓住我的手，没让我继续下沉。他做过潜水教练，也是一位广受赞誉的水下摄影师。他马上反应过来是哪里出了问题：大多数国家的水肺都是小型轻便的铝制气瓶，但是在莫雷阿岛，仍然采用了一部分法国的技术，潜水员们热衷使用传统的钢制水肺箱，这种水肺箱在1943年由法国人雅克·库斯托和艾米丽·加尼昂进行改良——更耐用的同时也更重了。然而在这件全新的浮力调整器里，我又多背了6千克多的配重——虽然比我在加勒比海时背的近8千克配重轻了点，但对于我这样的小个子女人来说，在水里背个钢罐子还是太重了。

基思紧紧地抓住我，好让我调整平衡。我心里很感激，但也颇感羞愧。

我们一同从纽约出发去往洛杉矶，经过塔希提岛，接着乘船到莫雷阿岛。在那20个小时的旅程中，我们一直相互鼓励，想像着几个月的期盼之后，即将到来的一刻——一起潜入波利尼西亚的热带珊瑚礁中，去探寻章鱼的踪迹。

现在，这一刻终于到来。然而身为富布莱特学者，通常和菲利普·库斯托这样的人一起潜水的基思，却不得不拖着我往上游，就像拉着雪橇上山一样。

我非常想回到那个观测点。就在昨天，基思刚在那里经历了他称之为“人生中最激动人心的一刻”。

当时基思在海中潜水，我和其他研究人员则在浅水区浮潜，勘探研究地点。我们考察队的队长是詹妮弗·马瑟，她没有潜水，也没必要那样做——因为她有关野生章鱼的所有研究都在浅水区进行，那里总能找到很多章鱼。但在莫雷阿岛，我们的研究遇到了麻烦。

这并不是因为缺少专业人士。在章鱼智力的研究领域中，詹妮弗是世界上少有的杰出专家之一。在谷歌上搜索“章鱼智力”，你会发现她的相关研究是被引用最多的。

这里还有51岁的大卫·谢尔——我们是在一次章鱼研讨会上认识的，他十九年如一日，在阿拉斯加冰冷阴暗的海水中研究太平洋巨型章鱼，并率先提出了实用性很强的遥控追踪法——在章鱼的鳃裂处穿一个小孔，在那装一个带有防松螺栓的卫星追踪器，就像你耳垂戴上的耳环一样。

此外还有37岁的巴西研究员塔蒂阿娜·莱特，她已经完成了博士论文，詹妮弗正是她的导师之一。她在巴西诺罗尼亚岛附近海域发现了一个新的章鱼品种，进行了命名，如今正在给另外五种章鱼进行分类。

在我们开始本次旅程后的几天内，29岁的基利·兰福德也加入了我们。她不是科学家，而是温哥华水族馆的一名讲解员。她擅长竞技潜水，有着高超的泳技、丰富的海洋生物知识以及鹰隼一般敏锐的观察力，在水族馆里小有名气。

然而，即便拥有如此优秀的专家团队，我们头三天找遍了浅水区，还是未能发现任何一只章鱼的踪影。

按照章鱼的分类标准，我们可以把现在研究的这个品种称为伪装大师。因为他们在白天很活跃。夏威夷大学研究员希瑟·伊利塔洛·沃德报告称，霞水母章鱼是世界上最善于伪装的章鱼之一，他们极其聪明，拥有的色素细胞数量也是章鱼中最多的。在夏威夷，这类章鱼在水中行动时经常带着半边椰子壳，把它当作盔甲来保护自己脆弱的下腹部，以防遭到潜藏在沙子下的天敌袭击。如果没有合适的缝隙躲藏，只需把椰子壳翻过来，就可以变成一个像活动房屋那样的便携式公寓。

至于基思，他本来不指望第一次潜水就能发现章鱼的踪迹，却意外地成功了。

基思和潜水监察员弗兰克·勒库夫勒一起，从我们所在的法国研究工作站（岛屿研究中心和环境观测站）潜水中心后面的航道乘船离开。不到20分钟，他们就到达了一处观测点，抛下锚。在这里他们可以很轻易地沿着堡礁，一路搜索到奥普努胡湾东部。基思已经42岁，他从16岁开始潜水，已经潜遍了世界各地——也从来没见过或拍摄到野生章鱼。

弗兰克却用锐利的目光盯住了两个空的扇贝壳——这是章鱼留下的食物残渣。离扇贝壳几英寸的地方，他和基思发现了一个洞，洞里有两个紫色的圆圈，每个圆圈直径约2.5厘米，镶嵌在一片白色的背景当中。他们看到圆圈上有个像皇冠一样的圆弧，原来是一条布满吸盘的腕足，而章鱼正从洞里用球根状的眼睛观察着他们。基思趁章鱼退回洞里之前抓拍了几张照片。

第二天，基思和弗兰克又回到了这个观测点。他们立马发现了那只章鱼，这让基思兴奋不已。这只章鱼并不胆怯。当他在一块面积约5平方米的礁岩处游走时，他也允许基思待在一旁，同时不停地改变自己的颜色和花纹。“这位老兄好像是在带我参观这里，”基思说，“他看起来很活泼，一点也不害怕人。”

我想起一位哲学家朋友，彼得·戈弗雷·史密斯，他曾和一位来自澳大利亚的潜水伙伴——马修·劳伦斯一起，在悉尼往南三小时路程的地方发现了一个观测点，并将其命名为“章鱼堡”。在水深约18米的地方，他们发现了11只提特利克斯章鱼，聚集在一起，每只相隔一两米远。这些绝对是大型章鱼，他们的两条腕足伸展开至少有1.8米长，并拥有形状独特、仿佛能洞悉灵魂的白色眼睛——其昵称“阴郁的章鱼”便因这双眼睛而得名。

马修告诉我：“我在这儿潜水时，碰到过两次这样的事：有章鱼缠住我的手臂，带我去他的巢穴，拖了我足足有五米远。”

还有一次，一只章鱼带着他在周围绕了一大圈，这段旅程持续了十到十二分钟。后来，这只章鱼缠在马修身上，用吸盘研究马修，仿佛他在带领这位人类客人了解过附近的环境后，也想好好了解一下对方。马修告诉我，他所见到的章鱼“都没有攻击性——而且都很有好奇心”。因为马修定期在“章鱼堡”潜水，所以他确信这里的章鱼都认识他。他觉得，章鱼甚至期待他的到来。马修常给章鱼带一些玩具——比如瓶子，塑料做的可以转开的复活节彩蛋，还有水下摄像机——他们对一切可拆分的东西都很感兴趣，有时还会带回巢穴里。

继续讲基思的经历吧。令他吃惊的是，第一只章鱼带他参观完附近后，他又碰到了第二只章鱼。这下他不知道该拍哪只好了。当两只章鱼同时在你眼前变色变形的时候，你该怎么确定哪只更上镜呢？

最终基思决定，继续跟拍那只正在礁石一侧爬行的章鱼，也就是最开始遇见的那只。在他拍摄的时候，第二只章鱼爬到了附近更高的一块礁石上，支起腕足站得高高的，就像人类踮起脚尖一样——他表现出很感兴趣的样子，不断向基思和他正拍摄的另一只章鱼靠近。

“他还特意找了个位置，好看清楚我在做什么。”基思说，“这太让我意外了。在水下拍摄了这么多年——不管是鲨鱼、金枪鱼、海龟还是其他什么鱼——我从来没遇到同样的情况。他的样子就像一个正在看职业橄榄球比赛，或是看模特拍时尚写真的人类。大多数时候，鱼类也会注意观察你，但不会像章鱼这样看着你——就像在观察你、研究你一样。这是我人生中一段不可思议的经历。”

也许是因为第一只章鱼认出了基思，所以才允许他靠这么近，还和他一起待了这么长时间。在基思的第二次潜水过程中，他和第一只章鱼再次相处了半个小时左右。如果他们还有第三次见面的机会，那只章鱼也许会更加放松自在。那么第二只章鱼呢？他还会和第一只待在一起吗？或许在这片海域还有更多的章鱼，我希望我们能给团队带来有意思的发现。

基思和我分成两路，沿着海岸并排游行。在这片清澈透明的海域中，周围的一切清晰可见；海底碎石散布，仿佛诉说着曾经的毁灭与重生。

20世纪80年代以前，这片珊瑚礁基本没有受到过外界的侵扰。1980年到1981年间，这里出现了大量以珊瑚礁为食的海星，带来了前所未有的灾难。1982年，飓风袭击了这座岛屿，那也是1906年以后的首次飓风袭击。1991年飓风再度袭来，强降雨摧毁了枝状珊瑚，也令其他品种的珊瑚窒息而亡。如今，这里再次出现了新生的珊瑚，对于从事珊瑚再生工作的研究者来说，莫雷阿岛成了一个珍贵的天然实验室。同时，具有很多洞穴和裂缝的海底地形，也仿佛是为章鱼量身定制的。

我们朝着章鱼的巢穴下潜，那里距海面约21米。我抓着基思坚稳的手，在水下畅快地呼吸。借助着水的浮力，跟着身边那些美丽罕见的海洋生物，在海中翩翩起舞，我再一次感受到了自由。

基思指给我看一群无斑拟羊鱼（goatfish），他们下巴的触须上长有化学感受器，能帮助他们嗅到藏在珊瑚中和沙土下的食物。他们身长约30厘米，有着光滑的白色腹部以及体侧的金黄色条纹——同时也和章鱼一样拥有变色的本领。不过对于他们生活在地中海的亲戚来说，这种本领可不是什么好事，因为在罗马人的宴会上，人们会将他们活生生地端上餐桌，以便欣赏他们死前不断挣扎着改变颜色的样子。

我们身边围绕着一群茶杯大小的蝴蝶鱼，明黄色的身躯上点缀着黑色的条纹。他们的寿命大概有七年，毕生与同伴结群遨游，展示着引以为傲的团结。在我们的身下，翠绿色和蓝绿色的鹦鹉鱼正用他们的“喙”——其实是密密麻麻的牙齿——咬食着珊瑚上的海藻。每只鹦鹉鱼都睡在他们各自的黏液茧中，那是一个由口腔分泌的黏液结成的睡袋。鹦鹉鱼是雌雄同体的生物：他们出生时都是雌性，稍后变成雄性。

这些奇异的生物提醒着我：一切皆有可能。

基思很容易就找到了之前那只章鱼的巢穴。那两片扇贝壳还留在原地，章鱼把它们扔在那里后就没人动过。但是章鱼不在家。我们小心翼翼地在巢穴周围约30米的范围内探寻了一番——那个区域布满裂缝、满是凹槽，章鱼可能就住在这样的环境中，他们柔软的身躯可以自由进出，就像黄油能轻易地融入英式松饼一样。或许基思那只章鱼外出觅食了，如果猎食地点在附近，我们就有机会发现他。

我们畅游在海中，搜寻着，身边围绕着鱼群。这些鱼有着卡通人物般的可爱名字，神祇赋予的魔幻色彩，拖着鲜艳的尾鳍，就像舞台上明星绚丽的裙摆。基思指了指鱼群，稍稍游开一些距离，拍了些照片。我拼命踩水，以免在水里翻转或是下沉，一边抬起头来，看见基思的身边围绕着八只性情温和的乌翅真鲨，每只大约有1.2米长。阳光从顶上洒下来，照着这九只生物朝上的背脊，温柔的光环将他们笼罩。

浮出水面后，我们既为海底奇妙的景象而兴奋，又为未能见到章鱼而失望。又一个没有章鱼的日子过去了，我心中的牵挂也愈发焦灼。

我抵达莫雷阿岛的那天，正是玛莉安和戴夫举办婚礼的日子；而就在今天，巨型海洋馆正式向公众开放，里面有许多令人惊叹的珊瑚雕塑和成百上千的新鱼种。我想念水族馆那些有脊椎和无脊椎的动物朋友——尤其怀念我们刚刚一起度过的大好春光。

◇◆◇

这是一件令人惊叹的事：尽管置身于昏暗的水族馆大厅，远离自然的阳光，被关在展示箱中，待在过滤后的海水里，许多动物似乎仍能感觉到春天的到来。即使一些全年繁殖的鱼类，比如热带鱼，其荷尔蒙在三月与四月之交也会激增。

一条雄性的小眼须雅罗鱼（fallfish）正在向雌性求爱。这种鱼是北美洲东北部海域鲦鱼家族中最大的分支。他用嘴巴搬运卵石，在水族箱底部堆了一个石堆，又采了一些丝绸状的植物，种到石堆中间作为装饰。这种做法和澳大利亚的雄性园丁鸟很像，后者没有明亮鲜艳的羽毛，于是通过建造精致漂亮的鸟巢来吸引异性。尽管小眼须雅罗鱼在湍急的水流和清澈的湖水中很常见，但其精巧的求偶仪式却鲜为人知。

在冷水区，雄性圆鳍鱼也完成了交配。其中一只雌性圆鳍鱼臃肿得像个沙滩球，肚子里装满了卵，随时都可能在雄性圆鳍鱼的岩石巢穴里产下几百颗橘黄色的卵。一旦产下卵，雄性圆鳍鱼就会使之受精，然后竭力保护受精卵。

在旁边的水族箱里，鮟鱇鱼又生成了一层面纱状的胶膜。

“如果我将来要结婚，”安娜对我和比尔说，“我就把面纱设计成这种款式。”

“不过黏度可能得稍微降低点？”我说。

比尔反驳说：“恰恰相反——安娜就想要黏糊糊的那种。”

某天一早我就来到淡水区，为了见证一个历史性的时刻。布兰登张开一只手托住维多利亚湖丽鱼的嘴，并用另一只手轻轻按压她的腹部。这是一种约5厘米长，十分稀有的淡水鱼。她竟然产下了23条小鱼，每条都跟孔雀鱼苗差不多大！雌性丽鱼会用嘴巴来孵化受精卵。斯科特解释道，因为这种鱼过于稀少，所以他们还没有相应的拉丁学名。事实上野生丽鱼已经灭绝了，而且据他所知，在施行人工驯养前，人类尚无关于这类鱼的繁殖记录。

“截至现在，也许我们已经让这类鱼的总数增加了两倍。”斯科特说。

那年春天，所有新生命的诞生，都使我在参观水族馆时更加兴奋。别的先不说，光是去看奥克塔维娅时的沿路风光，就让我激动不已。虽然我可以乘坐电梯或是走楼梯，但我就是喜欢沿着螺旋坡道向上漫步，穿过满是热带鱼群的企鹅馆、潮湿的亚马孙雨林带以及苏里南蟾蜍区（其中一只蟾蜍已经过展览训练，全天可供游客观赏）。我经过水蟒和电鳗的家，穿过浅滩岛区和东港展区，看一看鮟鱇鱼及其面纱，再经过由人工海浪冲洗着的，天鹅绒般柔软的绿色海葵……最后来到奥克塔维娅水族箱前。

在我启程去南太平洋之前的一个早上，我进来看她，却发现她的左眼已经肿得像橙子一样大了。

起先我告诉自己，肯定是看错了——这看起来像一种可怕的感染病，但也许只是昏暗灯光下水纹造成的错觉。我打开手电筒，却发现奥克塔维娅的角膜确实肿得厉害，浑浊得让人看不清她条状的瞳孔。

“噢，你来了。”威尔逊说。他一直等着我去喂这两只章鱼。

“快看！她的眼睛怎么了？”我焦急得都忘了跟他打招呼。

“噢，天哪，”威尔逊说，“不好了。我们快去找比尔。”

比尔凝视着奥克塔维娅的水族箱。这时她已经微微转过身，我们沮丧地看到她的另一只眼睛同样肿胀和浑浊，虽然没有左眼厉害。“星期一她的眼睛还不是这样的。”比尔忧心忡忡地说。

奥克塔维娅开始移动了。她的吸盘一个接一个，从巢穴的顶部和侧壁上落下来，松开了她所珍爱的、渐渐萎缩的卵。最后，只有一条腕足的几个吸盘还保护着她的卵，其他七条腕足开始在水族箱底部漫无目的地游晃。

她的行为让我们感到困惑。海星还待在原地，尽可能远离她。没有任何东西能威胁到她的卵。水族箱底部也没有任何食物。她看起来……只是在闲逛。

我想知道她是不是失明了——其实这也无关紧要。有实验表明，章鱼即使失明了，也能灵活地运用味觉和触觉。比那更糟糕的是，她也许正处于痛苦之中。尽管那些把虾扔进沸水里的厨师坚持认为，无脊椎动物试图逃跑只是本能反应，但他们错了。虾会用复杂的动作，长时间仔细地刷洗受伤的传感器——这是因为他们的触须上带有醋酸，当这种麻醉剂起作用时，就可以减轻痛苦。螃蟹会在刚受伤后，用力地长时间摩擦伤口。罗宾·克鲁克——得克萨斯大学健康科学中心的进化生物学家——发现章鱼也会如此。当章鱼受伤后，如果被触碰到伤口附近的部位，他们可能会立刻逃离，或者喷出大量的墨汁，其反应要比被触碰到身体其他部位时更为剧烈。

“到底怎么了，比尔？”我无助地问道。

他呆呆地望着年迈的章鱼，好一阵子。她看起来很不安，茫然地游动着，套膜也在跳动。她的身体状况让人十分担忧。

“这就是衰老。”他悲伤地说。

奥克塔维娅老了，她的身体组织非常脆弱。上周末，我看到我92岁的邻居也是这种情况。她比以前看起来更加苍老、瘦小、虚弱，脆弱的皮肤似乎很容易受伤，而且老眼昏花，竟然说她在草坪上见到一头大象。她的肉体和灵魂如同落下的果实一样，正在销蚀腐烂。

当其他的章鱼经历这个阶段的时候，照比尔所说，“他们会不停地徘徊游动，皮肤上会长出白斑。虽然我从来没有亲眼见过。”

去年八月的一天晚上，奥克塔维娅全身肿得像一颗瘤子，当时我和威尔逊都觉得她快死了，心中惊惧不已。现在，这种感受又一次在我心中升起。

这次似乎是真的。我们害怕的那一刻最终还是来了。

“我们应该怎么办？”我问。

衰老是没有办法治愈的，对于章鱼慢慢老去，我们也无能为力。“我本来想让她在展箱里走完最后一程，”比尔说，“但是现在不行了……”

我们该做点什么，才能让奥克塔维娅在最后的时光里过得舒适一些呢？应该把她转移到舒服安全的咸水桶里去吗？因为野生雌性章鱼在产卵期间，经常会用石头堵住巢穴入口，而咸水桶更能模拟这种环境，比前面是一大块玻璃的展示箱好得多。

把奥克塔维娅移出来也能给小羯磨腾出空间。她长得太大，就像迦梨一样，桶里都快装不下了。看起来她好像已经打消了逃跑的念头。只要我们拍拍水，她那深褐色的身影会浮出水面欢迎我们，吃完东西后又潜回桶底，变成白色。她是一只温柔亲切的章鱼，但是我们在想，如果她能够更活跃些，也许更有利于她的健康。

威尔逊强烈建议应该把奥克塔维娅和羯磨的位置互换一下。安德鲁和克莉斯塔却对这个提议表示震惊。这一点非常有趣：年轻人更关心老章鱼，年长者则更愿意为小章鱼谋求福利。克莉斯塔说：“你是要把她移出展示箱，和她的卵活生生分开吗？”安德鲁也担心分离会要了她的命：“那会毁了她的！”

“但是，我们人类也是这样对待老年痴呆症患者的。”我说。

“当他们衰老时，我们要把他们从展览箱中移走，”威尔逊笑道，带着淡淡的忧伤，“虽然我从没这样想过，但这就是事实。”

人一旦变得痴呆了，就难以适应复杂多变的世界。所以他们待在一个简单较小的环境里时，看起来更平静。那章鱼呢?

我们应该让奥克塔维娅安度晚年。当然，我们也会尽量让羯磨享受最好的待遇，但我们和奥克塔维娅的感情更深。2011年春天，奥克塔维娅第一次来到这里，从那以后，她让我们的生活变得更加丰富多彩。她来时体形已经不小了，拥有丰富的野生经验，因此也是比尔和威尔逊遇到过的最善于伪装的章鱼。刚开始她很害羞，后来慢慢地接受我们，最后完全信任我们。

我清楚地记得那个情景——她的腕足尖端和我朋友莉兹的手指初次接触，然后同时缩了回去。我也记得她第一次和我接触时，差点把我拉进了水族箱。还有那次，在至少五个人的眼皮子底下，她无声无息地偷走了一桶鱼，把我们都逗乐了。当安娜失去最好的朋友，痛不欲生时，也得到了奥克塔维娅的轻抚和安慰。

奥克塔维娅曾陪伴我们，与我们分享她那令人惊奇、富有启示意义的生活。因此，我们有义务让她以更舒适、更有尊严的方式离开。

我们都被不安的情绪折磨着。大自然没有给我们任何提示；自然界的先例非常残酷。在野生环境里，奥克塔维娅现在肯定已经死了。如果她是一条野生章鱼，就算能存活下来产卵和孵化，也只能在最后的时光里，拖着饥饿衰老的身躯，独自游荡。她要么被肉食动物捕杀，要么像西雅图西海岸的章鱼奥利芙一样，死去之后，腐烂的身躯还要被海星吃掉。

把奥克塔维娅从海里带回水族馆的那刻起，我们就已改变了她在自然界中的命运之旅。因为人类的介入，奥克塔维娅的卵没有受精；无论她如何关爱照料，也永远都看不到她的卵孵化。但是我们也尽力去喂养她、保护她，给她找了海洋伙伴，让她看到外面有趣的世界，和人类一起进行智力互动。我们让她远离饥饿、恐惧和伤痛。在野生环境中，她随时都有被天敌咬断肢体的风险——就像羯磨曾遭遇的一样——甚至早就被撕成碎片、活活吞食。

奥克塔维娅自从产卵后，就似乎不再想要我们的触摸和陪伴。但至少她仍然很享受我们的食物。所以威尔逊递给她三条鱿鱼。她用左边靠前的腕足接住第一条鱿鱼，但又把它丢到了水族箱底，一只橙色的海星正在那里虎视眈眈地盯着这块美食。威尔逊把第二条鱿鱼直接放进了她嘴里，她含了一会儿，又吐掉了。第三条还是被她丢掉。

如果比尔将她转移到其他地方，奥克塔维娅可能会觉得这是一种解脱，不用再为巨大的空间和过多的选择而困惑。她也可能仍想拼尽最后的力气，来守护自己的卵。不过，由于好几个月以来，她的卵都没表现出任何生命迹象，也许她已经开始淡忘它们。我们无从得知她真实的想法。我们甚至不知道还能否将她移动。

比尔不知道究竟该怎么做。不管他如何选择，这都将是一个非常痛苦的决定。

◇ ◆ ◇

“不要担心。”詹妮弗的声音从对面床铺的蚊帐里传来。她在岛屿研究中心和环境观测站里跟我们住一起，天刚亮，就跟我打了个招呼。

“我们会找到章鱼的。我不确定能找到多少，也不知道搜集到的数据能起多大作用。但是要相信，我们一定能找到章鱼。要知道，我们有很厉害的追踪专家。”

我没有回答，但詹妮弗知道我在想什么。科学本身就是难以预测的，我在之前的考察中早已明白了这点。我们在蒙古一只雪豹都没见着；我去了四次印度孙德尔本斯的红树林沼泽，就看到过一次老虎。有时，虽然你没见过你研究的动物，但仍然可以完成很多研究：在蒙古，我们收集了雪豹的粪便做DNA数据分析；在印度，我研究了很多老虎的足迹，记录了许多当地人的见闻。

但是在莫雷阿岛，我们必须要直接找到章鱼——因为要对他们进行性格测试后才能开展研究。

詹妮弗创建了一个性格检测表，来测试一只章鱼的性格是勇敢还是胆怯。我们要在水下记录章鱼在不同情形下的反应。比如当你接近章鱼时，他会怎么做？是躲藏、变色、试探还是喷墨？当你用铅笔轻轻地触碰章鱼时，他又会怎么做？是从巢穴中往外喷出墨汁，还是全速撤退？是抓住铅笔，还是对着入侵者喷墨？又或者只是观察眼前的形势？所有这一切，我们都会用铅笔写在一块塑料潜水板上。

我们将研究章鱼对食物的选择及其原因，验证与此相关的三种不同假设。行为生态学家大卫认为，章鱼倾向于捕食大螃蟹，但如果找不到大螃蟹，他们就会去寻找别的食物。海洋生态学家塔蒂阿娜认为，章鱼所处的生活环境越复杂，他们的食物种类就越丰富。而詹妮弗正在测试章鱼性格对食物选择的影响。她认为，与人类中自信而勇敢的那部分人相似，较为大胆的章鱼，其寻找晚餐的方式也具有更高的冒险性。为了探寻真相，我们将会收集并检测每个章鱼巢穴周围的食物残渣。

69岁的詹妮弗已经做了多年这样的性格测试——尽管遭到过许多同事的质疑与轻视。在她刚开始研究时，绝大多数科学家都不相信动物也具有“人格”——也不相信女性能在科学界占据一席之地。这也是她接受专业训练，成为一名心理学家的原因。在布兰迪斯大学里，她攻读的是人类感官协调学博士学位，具体研究对象为眼球运动；后续研究是眼球运动对精神分裂症患者的特殊作用。但她对头足类动物也非常痴迷，因此在布兰迪斯大学心理学系的地下室里放了几个水族箱，里面养了一些大西洋侏儒章鱼（Octopus joubini），开始记录他们的行动以及在水族箱中的生活情况。

“所以当我不满足于仅仅知道‘他在做什么’，而是想提出更深入的问题时，我就转向了心理学研究。”詹妮弗对我说。这时公鸡开始报晓，在我们宿舍窗外，朝阳穿过层层云霭，从那座林木繁茂的火山上升起。

“我觉得章鱼没有恋母情结——弗洛伊德那套方法一点用都没有！但是我感觉动物也和人一样，都有天生的性情，也就是一种看待世界的方式，并在与环境的相互作用下塑造出个性。没有第二个人在做和我同样的事。这项研究看起来可能有点怪，但肯定是独一无二的。”

虽然曾经遭到过忽视和驳斥，但詹妮弗的研究如今已被认知神经学、神经生理学、神经药理学、神经解剖学以及计算神经学等领域的学者所重视和引用——其中包括一个杰出的专家团队，他们在2012年齐聚英国剑桥大学，共同撰写了具有划时代意义的《剑桥意识宣言》（The Cambridge Declaration on Consciousness）。该宣言由包括物理学家史蒂芬·霍金在内的众多科学家联合签署，美国哥伦比亚广播公司的《60分钟》节目对这一过程进行了全程记录。宣言中声称“人类并非唯一拥有产生意识的神经基础物质的生物”“非人动物，包括所有哺乳类及鸟类以及其他多种生物，**包括章鱼**，也拥有这些神经基础物质”。

没有人像詹妮弗这样了解章鱼。如果她说我们能找到章鱼，那我们就一定能找到。

那天一早我们就出海了，潜到之前勘探过可能有章鱼出现的地方。那是在一个大陆坡的底部，地势微微倾斜，质地较硬，沟壑纵横，还有许多活珊瑚和死珊瑚。其他人负责搜查浅水区，我和大卫则潜入更深的海域进行寻找。大卫几乎是立刻发现了章鱼出没的证据：一片泛红的扇贝壳上堆着两个蟹钳，堆放得小心翼翼的，就像人类晚饭后在厨房水槽里堆放的一摞盘子。

“这是个窝，但没有章鱼，”大卫观察了一下说，“不过我敢肯定这地方有戏。”

我感觉自己就像中了彩票一样兴奋。詹妮弗似乎对一米左右深度的水域最感兴趣，一直在那里探寻。但我发现浅水区的搜寻工作也不简单。在那里，我们的嘴唇、额头和下巴常常被棕色、又粗又硬的喇叭藻（*Turbinaria ornata*）擦到。每次我都担心自己的胸部被这些参差不齐的死珊瑚骨骼刮伤，同时也害怕自己会踢到其中的少量活珊瑚；或者把海参压扁；或是被有毒的海胆扎伤——这里到处都是又大又黑的海胆；又或者被毒鲉（stonefish）刺到——他们的颜色像沙土一样，难以发现，但毒刺又足以致命，而且受害者中毒之后，会一直处于无法忍受的剧痛中，只能求医生把患处截掉。上帝保佑，但愿这些都不会发生。

在深海中畅游，我们感受到了纯粹的喜悦。闪闪发光的鱼群环游在我们周围，他们有着五彩的条纹，明亮的双眼，火红色的腹部和黑色的脸部，身上还点缀着仿佛杰克逊·波洛克[①]笔下的黑点。我们下面有一只玳瑁，正用他那革质的浆状前肢在水中划行。更多的乌翅真鲨从我们身边掠过，轻柔得好似斑驳的光影。往下看，海底长着许多蓝黄相间的活珊瑚群，那里无数的缝隙为章鱼提供了完美的栖息地。

大卫教我怎样自由潜水。要我屏住呼吸，潜入水中去调查一个章鱼的巢穴，然后把水从通气管中吹出来，就像鲸鱼喷水一样。他找到了十多堆食物残渣，里面有大量的贝壳和甲壳，多得他无法全部收集进绑在他配重带上的桶里。大卫用防水手电筒检查珊瑚裂缝时，发现到处都是章鱼出没的证据：贝壳是一个一个叠起来的，上面还有几个蟹钳，就像勺子放在碗里一样。

"其他生物不会把东西堆成这个样子，肯定是章鱼！"他说，"这只章鱼一定是刚刚出去了。"事实上，截至上午10：00左右，大卫已经找到了至少三个章鱼巢穴，只是章鱼全都不在家。

我们抬头一看，空中乌云密布，这是暴风雨来临的前兆。我们只好掉头往海岸游去，准备与其他人汇合。从远处就能看到他们正向我们招手，于是我们加快速度赶上了他们。詹妮弗浮出水面，取下她的通气管说道："我找到了一只章鱼！"随后又潜入水中。

当我找到章鱼时，他已经退回了藏身的洞中，只看得见一条浅蓝色的腕足和上面的白色吸盘。不过好消息随后传来：这已经是今天找到的第二只章鱼了。塔蒂阿娜在他们初次搜寻的头十分钟内就找到了一只章鱼。那个家伙正在觅食，他的腕足和腕间膜在一个浅沟处探寻，皮肤呈现出闪烁

① 杰克逊·波洛克（Jackson Pollock, 1912—1956年），美国抽象表现主义画家，代表作有巨幅的"滴色"画《第一号》等。他在创作前不画草图，由一系列即兴的行动完成作品。——译者注

的蓝绿色。当章鱼看到塔蒂阿娜时，他头部的皮肤先变成棕色，接着腕足也变了色，然后钻进洞里去了。

这时头上的海面下起了倾盆大雨，声音好像锅里滚烫的油发出的嗞嗞声。电闪雷鸣的时候，水里可不是个安全的地方，所以我们决定回到岛屿研究中心和环境观测站。当塔蒂阿娜坐在约30厘米深的水里脱她的脚蹼时，大卫看了最后一眼。在塔蒂阿娜的身旁，他看到了一堆贝壳，旁边有一块礁石，边上有一个洞——里面露出第三只章鱼的吸盘。

接下来的几天里，我们调查了更多地点，可几乎没有见到章鱼的身影。不过在第一周的最后一天，我们在三个不同的观测点找到了六只章鱼。我们搜集和辨别了上百个猎物种类，也在章鱼的栖息地采集到了上千个数据点。我和新朋友们建立了深刻的友情，也为考察队取得的成果感到开心。在星期天时我们的团队决定休整，当其他成员都去观光游览的时候，我和基思驱车前往章鱼教堂。

帕佩托艾村是个小村庄，从岛屿研究中心和环境观测站开车过来要不了多久。这里曾有一座专门为章鱼修建的庙宇，这个村的人都把章鱼看作他们的守护神。对于莫雷阿岛上的航海民族来说，这种超级强壮、形态万变的章鱼就是他们的守护神，他们的腕足象征着团结与和平。如今，一座新教教堂屹立在这片旧址上，它始建于1827年，是莫雷阿岛上最古老的教堂，仍然把章鱼当作神灵来崇拜。这个教堂呈八边形，坐落于罗图伊山（Mount Rotui）脚下，在当地人看来，教堂的形状就像是一只章鱼。

我和基思坐在教堂后排，参加一个盛大的集会。与会者大约有120人，但只有我们两个来自外地。几乎我们身边每个人都有文身，许多妇女都戴着用竹子和鲜花精心编制的帽子。牧师戴着一个长度及腰的花环，由绿叶、黄芙蓉、白赤素馨和红粉色的簕杜鹃等编织而成。合唱团的女子则戴着由花草编织的头饰，当合唱奏响之时，她们的声音清澈响亮，就像来自海底深处的赞歌。教堂面朝大海，海风透过窗户吹来，就像神灵的祝福。

“感觉像来到了亚特兰蒂斯[①]。”基思小声对我说。

集会上讲的是塔希提语。我虽然不懂这种语言，也能感受到信仰的力量，了解到玄思冥想的重要性——无论你是在教堂，还是在珊瑚礁里潜水。所有与会者在这里所探寻的奥秘，和我在与雅典娜、迦梨、羯磨、奥克塔维娅互动时探寻的东西，以及我们在一切人际关系中，在内心最深处的渴望中所探寻的东西，并没有什么不同。我们都想要洞悉灵魂的意义。

但什么是灵魂呢？有人说灵魂就是自我，那个住在身体里的“我”。没有灵魂的身体，就像是没有通电的灯泡。但也有人觉得，灵魂更像是生命的引擎，是它赋予了生命意义。灵魂是上帝的指纹。

有人认为，灵魂就是我们内心最深处所存在的东西，是它赋予了我们智慧、情感、欲望、意志、个性和身份。有人说，“灵魂就是内在的意识，它注视着心灵的变幻，世事的变迁。”或许没有人对于灵魂的定义是正确的，又或许每一个人说得都对。但当我坐在教堂的长凳上时，我只对一件事深信不疑：

如果我有灵魂的话——我也相信我有——那么，章鱼也有灵魂。

教堂里既没有耶稣受难像，也没有十字架，只有鱼类和船只的雕刻品——它们让我感受到了自由和救赎。乘着塔希提语化作的波涛，我谨遵牧师的训诫，驶向吉尔伯特群岛——创世神那·阿提布的儿子，拥有八

① 亚特兰蒂斯（Atlantis），又名大西洲，是古代欧洲人传说中一片沉入海底的古代大陆。相传那里的居民以海洋之神的子民自居，对大海有着强烈的崇拜。——译者注

条粗壮手臂的章鱼神那契卡，将这群岛屿从太平洋的海底托起；我驶向不列颠哥伦比亚和阿拉斯加的西北海岸，在那里，当地人认为章鱼控制着天气，掌握人们的疾病和健康；我驶向夏威夷，那里古老的神话告诉我们，现在的世界只是远古时空残存的遗迹，而章鱼是唯一的幸存生物，游走于两个世界的夹缝中。

对于世界各地以航海为生，或沿海而居的人来说，变幻莫测的章鱼之神用灵活的腕足，将陆地与海洋、天堂与人间、过去与现在、人类与动物连接起来。尽管我是在一次以科学之名进行的考察途中，但当我置身于面朝大海的八边形教堂，沉浸在神秘的祝福之中时，仍然本能地开始了祈祷。

我祈祷这次考察能够成功，祈祷除了附在礁石下面的吸盘之外，还能有更多的发现；我为我的丈夫、我的狗和我在美国的朋友们祈祷；我为巨型海洋馆祈祷——上帝啊，求求您，可千万别让它漏水！我也为水族馆里的朋友们祈祷。我还为我认识的所有章鱼的灵魂祈祷——无论他们是活着，还是已经离世，却令我永志难忘。

◇◆◇

在我离开水族馆后，奥克塔维娅左眼的情况日益恶化，右眼也变得浑浊起来。考虑到她年事已高，情绪也不稳定，如果继续跟其他动物一起，生活在表面崎岖不平的水族箱里，她受到伤害的可能性就更大。到了星期四早上，又出了新的状况，让比尔不得不面对这个问题。

上午十点左右，羯磨水桶里发出的动静引起了比尔的注意。他没有打开水桶盖，只是朝下看了看，一幅前所未见的场景映入他的眼帘：章鱼头下脚上地浮在水面，腕足之间的喙状嘴清晰可见，正不停地嚼着从桶盖顶部垂下的塑料网。

之前用来把网丝和螺旋盖固定住的尼龙扎带，已经被羯磨咬断了。当比尔看到这一幕时，他意识到自己很有先见之明——在迦梨死后换上了新的扎带。迦梨曾经和羯磨一样，为了逃跑而持续不断地撕咬扎带。这才是扎带非正常磨损的原因。

比尔对我说："我很担心。我实在不想把奥克塔维娅换到别的地方。"比尔担心自己会伤到奥克塔维娅，也有可能根本就抓不住她。他还没有把一只活的章鱼从展示箱移出的经历。但他接着说："可是羯磨和奥克塔维娅的现状让我别无选择。"

在那个星期四接下来的时间里，比尔给许多鱼搬了家：为了给那些从非展览区搬到伊斯特波特水族箱的美洲胡瓜鱼腾出地方，他把原本伊斯特波特展区的鲑鱼挪到了博尔德礁水族箱，然后把来自日本的新海星放进空出来的水族箱里。为了给一只新来的红色小章鱼腾地方，他又把两条小鲑鱼、两条海螺鱼（snailfish）和一条线鳚（radiated shanny）从非展览区搬到了伊斯特波特水族箱。这只小章鱼只有手掌般大小，刚刚到达水族馆。比尔选择先等参观者离开，然后再开始挪动奥克塔维娅和羯磨，因为他不知道接下来会发生什么。

幸好达尔尚·帕特尔也在，他是周四来给比尔帮忙的志愿者，今年29岁。他们一起把装羯磨的桶从水坑里抬出来，放到地上。那个桶的容积足足有190升。比尔打开奥克塔维娅的展箱盖，达尔尚就在公共区那边看着。比尔试着用一张带着金属把手的扁眼软网去捞待在角落里的奥克塔维娅。

但只要网一碰到她，奥克塔维娅就往角落的更深处缩；从那个角度比尔根本碰不到她。于是两个人交换了位置，达尔尚上楼，防止奥克塔维娅从开盖的水族箱中逃出来；比尔下楼，监督水族箱里的情况。

为了腾出更多的活动空间，他们需要移除固定在盖子上的附属部分。达尔尚穿着防水裤站在水族箱里操作，比尔则在上面操作。比尔做这些的时候，奥克塔维娅浑浊的眼睛一直盯着他看。

达尔尚的身高约1米76，水正好到他齐腰的位置，但当他弯腰时，冷水就灌进了他的防水裤。盖子一打开，奥克塔维娅就朝水族箱后面的玻璃移动——就是将她的水族箱和狼鳗隔开的那块玻璃。比尔在上面撒网；达尔尚在水里用网和灵活的双手捉她。

比尔对我说："我们把章鱼引入网里的时候要尽量温柔点儿。"但奥克塔维娅却接二连三地躲避他们。她有四条腕足已经进了网，另外四条腕足却还紧抓着岩石。达尔尚快要够到她时，她将两条腕足和半个身体藏进裂缝中，不肯出来。

"虽然她已经老了，但还是很强壮，"达尔尚说，"你们要当心她的吸盘，那个吸力简直大得吓人。"

很明显，这种办法行不通。于是，趁全身湿透、冻得半死的达尔尚待在水族箱里，将奥克塔维娅赶到离水族箱顶只有几英寸的位置时，比尔迅速换上紧身潜水衣。他们祈祷着奥克塔维娅千万别从水族箱里跑出来。

达尔尚往后退了退，然后比尔也进入了这个狭小的水族箱。两人小心翼翼地绕开水族箱底部的两个皮韧海星和海葵。在奥克塔维娅的巢穴对面，那只海星正待在他惯常的位置上。然后，在海星触手下眼点的注视下，比尔半弯着两米高的身子，伸手摸索。尽管看不见缩成一团藏在岩石下的奥克塔维娅，他还是摸到了她的吸盘，用手指轻轻地拨着她，将她推进等待已久的网里。

让达尔尚吃惊的是，比尔只试了一次，奥克塔维娅刚碰到他的手，就自己钻进了比尔的网里。她已经十个月没有尝到比尔皮肤的味道了。那段时间，奥克塔维娅一直都待在她巢穴的顶盖上，也看不到给她喂食的人是比尔。但是现在，奥克塔维娅对比尔的反应充分体现出，她和照料她的人之间保持着亲密的关系。她不但记得他，而且信任他。

◇◆◇

难怪我们在莫雷阿岛附近找到野生章鱼时，他们不愿意从巢穴里出来。就算是那些胆大的章鱼——当我们用铅笔轻轻戳他们时，有几只抓住了我们的笔——好像也知道，这世界对于没有保护壳的无脊椎生物来说是很危险的。我们曾在观测点迎面碰到几只狼鳗，还有几只鲨鱼，这些都是章鱼的天敌。更糟糕的是，我们有次去调查一个很可能有章鱼的观测点，却一只章鱼也找不到——后来才发现，有渔夫比我们先到了一步。

所以，在我们动身离开前的最后三天里，大多数章鱼都藏了起来。我们又回到之前的观测点，查看了一个做过记号的巢穴——那只章鱼还在那里，但我们仍然只看到她的吸盘。

我们游向大卫，他正在180米开外，激动地朝我们挥手。我和基利在90厘米深的浅水里慢慢地游着，拨开漂浮的死珊瑚，搜寻其他的章鱼巢穴，同时注意避开海胆和毒鲉背上的尖刺。他指着那块在我们前面30厘米远，凹凸不平，被海藻覆盖的岩石。

我觉得他一定是在把石缝中的巢穴指给我看，可我看了一会儿，什么巢穴也没有。

直到我突然发现，那块岩石长着眼睛。

这只章鱼坐在他的巢穴顶上，高出巢穴约30厘米，腕足盘绕在巨大的身体下。他那淡红色的身体上布满乳头状突起，长约23厘米，正从巢穴前面垂下来，就像一只巨大的鼻子。他的眼睛伪装成星芒状的图案，底部是白色，就像我那只边境牧羊犬的毛色一样。当他看我们时，珍珠状的虹膜旋转着，中间是横条状的瞳孔。这只章鱼就这样一动不动，至少保持了一分钟，让他的乳头状突起如海草一样随波飘荡。终于他动了。他从身下伸出一条腕足，将腕尖伸进鳃孔里，就像在抓痒。

我和大卫都被深深地迷住了，甚至没发现基利已经转身游开。然后，我们听到了她在水中显得模糊不清的呼叫声："我找到了另一只！他正在捕食！"

大卫继续观察他发现的章鱼，而我游过去看基利发现的那只，他们只隔了几码远。可笑的是，我一开始又没看见他。终于，我看到了他的身影。尽管这只章鱼站起来比横趴着要长，他还是比大卫找到的那只小多了，大概只有15厘米长。他的身体上均匀分布着棕色和白色的斑点，覆盖着锯齿和山峰状的突起，尤其在眼睛的上方高高突出，就像某些鸟的耳簇一样。如果有人将他的轮廓投影到屏幕上，并问我这是什么，我应该会说是一只东美角鸮。

他喷出一股墨汁，然后又变回了一只章鱼——不过那个样子看起来怎么也不像是章鱼。就在我们眼前，基利发现的这只章鱼忽而变成一条丝巾，忽而变成一颗跳动的心脏，或是一只滑行的蜗牛，又或是一块覆盖着海藻的岩石。接着，他一下子钻进洞里，就像水流进管道中，完全消失了。

我浮出水面，冲着大卫大喊：“这只章鱼在捕食呢！”

大卫回答：“我这边的这只也在捕食！”

当那只章鱼卷曲的腕足划过沙子游走时，基利和我同大卫一起，开始跟随他。这只章鱼转向左边，完全展开腕足——其长度可能在1.2米以上——于是，我们看到了他的身体特征，那是他生命中一个关键时刻所留下的烙印：他身体左侧的前三条腕足都断了一半。就像羯磨一样，这只章鱼也曾与天敌狭路相逢后成功逃生。虽然他的伤口在渐渐愈合，腕足却没有重新生长。

怜惜、同情与敬佩在我心中油然而生。这只勇敢的章鱼肯定记得他曾与死神擦肩而过，而且他也没有向我们隐藏这一点。他在海底爬行着，我们也跟随他的脚步。他好奇地看着我们，就像我们好奇看着他一样。跟我们一样，他也想知道：你们是谁?

显然，对这只章鱼来说，为了解我们这种生物而进行冒险是值得的。他停下来，转过身，伸出右边第三只完好的腕足，开始品尝我氯丁胶手套的味道。

在这条腕足上，从根部到尖端都布满了吸盘。哦，原来她是一只雌章鱼——一个胆大妄为，装有假肢的海盗，一个勇敢的女冒险家，就像迦梨一样。

现在，我们是由不同物种组成的一个小团队，跟着我们的章鱼队长在水底穿梭。她看着我们跟她一起移动。突然，她身体的颜色从红色变成深棕色，长长的三列浅色斑块浮现在她的腕足上。接着她又突然变成了白色——詹妮弗之前看过有章鱼用这样的方式惊吓猎物。但这附近没有一只螃蟹或小鱼的踪迹，这次变色是专门做给我们看的。可能这只章鱼在以她自己的方式，对我们进行性格测试——就像是我们用一支铅笔触碰目标物，观察对方的反应。但是我们毫无反应，只是静静地观察。我希望这不会让她失望。

她的身体变成了浅褐色，体表的乳头状突起消失了，然后迅速朝前游去。我们赶快用蛙泳的姿态跟上。她落在几码外的海底，身体变成了巧克力色，乳头状突起重新冒了出来，继续爬行。这感觉就好像她在带着我们到处闲逛，参观周边环境，就像基斯的那只章鱼，或是马修在“章鱼堡”发现的那只章鱼所做过的一样。

这是一次奇妙的旅程，我们的导游还会不停改变形状，展现出各种迷人的色彩。她甚至还长出了一对新眼睛。在我们一起前行的过程中，她身体的两侧突然出现了一对假眼，就像两枚直径超过6厘米的蓝宝石戒指。章鱼会用这对假眼向自己的天敌发出警告信号，让他们把注意力从真正的眼睛上转移开，同时也让自己看起来更加强大——或许还有其他含义。除此之外，她还对着大卫放在珊瑚碎石上的摄影机摆造型，然后又伸出腕足，探进摄像机的孔洞中搜寻猎物。整个过程中她一直盯着前方，就像一个人盯着面前的门，一边从钱包里掏钥匙。

当我们和章鱼一起在这片温暖的浅水中畅游时，时间似乎已失去了意义。我们可能跟她一起待了五分钟，也可能是一个小时（后来才知道这次邂逅持续了将近半个小时）。最后，大卫探出水面，示意我们离开，以免长时间干扰她捕食。

与这只章鱼的美妙邂逅似乎给我们团队的研究带来了好运。在接下来的两天里，我们在这个观测点找到了3只新章鱼。最终，我们团队在5个不同的观测点找到了18只章鱼，收集了244个贝壳和甲壳样本（都是章鱼吃剩的食物残渣），记录了106种章鱼巢穴外的食物，辨别出41个作为章鱼猎食对象的物种。我们的研究给詹妮弗、大卫和塔蒂阿娜提供了足够的数据，在接下来的几个月中，他们可以愉快地进行研究了。

但对我来说，这次考察中最大的收获，就是与那只折断腕足的雌章鱼一起游泳。大卫觉得我们简直幸运极了。“这是我一生中见过最棒的章鱼了。”大卫说。——这是一个在野外研究并捕捉章鱼长达19年的男人，所发出的赞叹。

对我来说，尽管实现了和野生章鱼一起畅游海底的梦想，但我和章鱼之间最珍贵的记忆，仍停留在四月的末尾。那时我在水族馆，陪伴着奥克塔维娅，走过了她生命中最后的时光。

◇◆◇

奥克塔维娅来到咸水桶里后，变得非常平静。她既不咬网丝了，也没有忙着寻找她的卵。

羯磨在新家里感到很兴奋，一开始她还有点羞涩，一直待在桶里，直到比尔伸手引导她出来。羯磨出来之后马上开始四处探索，全身因激动而渐渐泛红，她在这个更大的空间里舒展自己的身体，就像风中的一面旗帜。

比尔做出了一个正确的选择。好几个月以来，奥克塔维娅始终对她的卵倾注着关怀，仿佛在践行一个充满了意义的仪式。但从某一时刻开始，她不再觉得自己的照料是有意义的。如果是野生章鱼照顾受精的章鱼卵，会得到相应的回报，就像鸟类细心地照顾鸟巢中活的鸟蛋，守护着发育中的胚胎一样。当雏鸟还在蛋壳里的时候，鸟妈妈就可以和鸟宝宝唧唧喳喳地对话了；章鱼妈妈也可以看到宝宝在卵中不断成长，睁开黑溜溜的眼睛，感受他们的每一次动弹。但是奥克塔维娅得不到这样的反馈。也许每看一眼她的卵都会激起她的保护欲，就像红毛猩猩妈妈会持续多日抱着死去的孩子，甚至为死婴清洁身体；有些小狗会拒绝离开他们所爱者的尸体。

也许她早就怀疑，保护后代的责任是毫无意义的，却又不得不履行职责。如今她已经看不见自己的卵了，终于可以从责任中解脱出来。也许，她现在终于可以休息了。

把奥克塔维娅从展示箱里移出来，也许会给我们带来意外的收获。在她六月份产卵的时候，我们都以为再也不能触摸她了，她对我们也不会再有任何兴趣，只会一直守护她的卵，直到生命的尽头。或许她现在又愿意跟我们接触了——让我们有机会怀着悲喜交加的心情，跟她告别。

接下来一周的星期三，我和威尔逊回到水族馆，得知奥克塔维娅自从移出展示箱后就没怎么动过。大多数时间她都待在桶里的某个区域休息，用两条腕足遮盖着她肿胀的左眼。几周以来，尽管比尔一直用美食来诱惑她，但她的食欲仍然在逐渐下降。上周五，她吃了一只活螃蟹（为了不伤到她，饲养员已经把蟹钳拔掉了）；周日她吃了几只小虾。但周一周二，她却什么都没吃。

我第一次这么害怕见到我的老朋友。几个月以来，我只能在微弱的灯光下，透过玻璃看到她。近一年以来，我第一次可以不用隔着玻璃，近距离地看她，却害怕自己即将看到的一幕。我不想看到她肿胀浑浊的眼睛，不想看到她褪色变薄的皮肤，更不想看到她脆弱无助、萎靡不振的样子。

但我仍想陪在她身边。自从去年六月她产卵以来，我们就没再有过身体的接触。当我站在公共区域，看着她在水族箱里照顾她的卵时，不知她是否也曾透过玻璃看到我，并记起好几个月前，她曾经抬头透过起伏的水面，看着这个人给她喂食，伸手抚摸她。

克莉斯塔和布兰登站在后面，看着我和威尔逊拧开桶上的盖子。奥克塔维娅安静地蜷缩在桶底，浑身呈褐红色。她肿胀的左眼没有看向我们，但神奇的是，她的右眼看起来好像康复了，瞳孔睁得很大，一直保持警惕。威尔逊用右手拿着一条鱿鱼，在水中挥动着，想让奥克塔维娅闻到它的味道。不到二十秒，她迅速倒转过来，开始上浮。当她浮到整个水体高度四分之三处时，我们看到了她花边状的白色吸盘。威尔逊把手伸进冷水里，让鱿鱼对准她喙状嘴边的大吸盘。她抓住了鱿鱼。

我也把手伸了进去，好让她尝尝我们皮肤的味道。她会再一次接受我们吗？她还记得吗？奥克塔维娅又上浮了十几厘米，将几百只吸盘探出水面。她轻轻地吸着威尔逊的手背，刚开始只用了几个吸盘，后来用了更多。然后，她缓慢而谨慎地把一条腕足伸出水面，卷住了他的手掌和手腕——接着，她又抬起旁边的腕足，波动着，仿佛一股酒红色的暗流。她的吸盘黏附在威尔逊的手掌、手腕和前臂上。

“她把你认出来了！”克莉斯塔喊道，“威尔逊，她还记得你！”

接着，奥克塔维娅用两条腕足抱住威尔逊，对我也是这样——她先把一条腕足放在我的右胳膊上，然后又把两条腕足放在我的左胳膊上。她湿滑的腕足缠绕着我，让我感到既温柔又亲切；她的吸盘轻柔地吮吸着我的皮肤，就像亲吻一样。

威尔逊说："当我听说她认出了比尔，我简直不敢相信。现在我信了……而且深信不疑。很明显，她全都记得。"

奥克塔维娅在水面上大概待了5分钟，一直抓着我们，尝我们的味道，试图回忆起来。克莉斯塔也伸出一只手去触摸奥克塔维娅——她们之前见过彼此。

"她现在会是什么感觉呢？"我轻声说。

"她是一位年迈的女士。"威尔逊温柔地说，他的眼神似乎已经给了我们答案。威尔逊在一个崇敬长者的传统文化环境中长大，与我们的文化并不相同。

我的朋友莉兹在《古老的生产生活方式》①一书中写道，当狮子靠近布希曼人时，后者会满怀敬畏地说出"**n!a**"一词，即"老"的意思。莉兹写道："'**n!a**'是一个术语，布希曼人在谈到神灵时也会用到这个词。"

"女士"这个词同样具有深刻的含义，尽管很少用在一只章鱼身上。奥克塔维娅就像一位真正的女士，尽管一举一动都要花费很大力气，她仍以一种温和有礼、体贴细心的方式，浮出水面向朋友们打招呼。

当她抓住我们的时候，没有人说话，就这样过了五分钟——或者十分钟？谁知道呢？我们已经进入了章鱼时间。奥克塔维娅倒悬着，向我们伸出白色的吸盘，我们抚摸着它们，同时她也吸住了我们的指尖。她轻轻地把水从虹吸管中吹出来，但是和她之前喷射冰冷海水的状态不同，这次几乎没有在水面上激起任何波纹。

她的腕足非常放松，我们甚至可以看到她喙状嘴的尖端，那是所有腕

---

① 该书的全称为《古老的生产生活方式：先民的故事》（*The Old Way: A Story of the First People*）。——译者注

足根部汇集处的一个黑点，就像花蕊一样。

“她很温柔，也很平静。”威尔逊柔声说。

接下来威尔逊做了一件我从没见他做过的事。他故意把手指轻轻地放进她的嘴里。

“我是肯定不会那样做的，伙计！”布兰登警告说。

安娜被迦梨咬伤的那天，他就和我们待在一起。我被龙鱼咬的时候他也在旁边，还帮我包扎了伤口。虽然布兰登是个历经磨难的硬汉，但是他讨厌看到别人受伤。

但威尔逊也不会让自己无谓地陷入危险之中。他不像那些实习生和志愿者，故意让电鳗电自己，只是为了体验一下这种感觉。

“她不会咬我的。”威尔逊向布兰登保证。接下来，威尔逊用食指抚摸奥克塔维娅的嘴，动作亲昵。他相信奥克塔维娅，高于他对其他任何章鱼的信任。

最后，奥克塔维娅沉入桶底，继续用她那只完好的右眼看着我们。我想，在经历过这样丰富充实的生活，体验过两个不同的世界之后，她该是多么累啊。

她见识过大海野性的怀抱；掌握了伪装的艺术；记住了我们皮肤的味道和脸庞的模样；也传承了本能的记忆，懂得像她的祖先一样把卵编成串。在水族馆里，她担任章鱼界的大使，接待过成千上万的游客。她甚至改变了人们对章鱼的印象，从最初的恶心转变为后来的喜爱。她的生命堪称一部宏大的史诗。

我伏在桶上，怀着敬畏和感激的心情凝视着她。我的眼里满含泪水，一滴眼泪落入水中。人类因强烈情感而流出的眼泪，与受外部刺激而流下的眼泪，在化学成分上是不同的。喜悦和悲伤的眼泪中都含有催乳素，这种激素会在男女性交、做梦和痉挛时达到最大值，也与女性合成母乳有关。我想知道，奥克塔维娅能否品尝到我的感情。或许她可以识别这个味道，因为鱼类体内也有催乳素。章鱼也有。

当奥克塔维娅休息时，网状的褐色皮肤逐渐变成了苍白色。

"她可真美啊。"布兰登虔诚地说。他之前只是透过展示箱的玻璃观察她，从没有这么近距离地看过。

即使是现在，徘徊在生命尽头的边缘，奥克塔维娅依旧美丽。虽然她很瘦弱，但除了那只坏掉的眼睛，她看起来还是很健康，皮肤上没有出现白色的死皮斑块。

"她是一位美丽、年长的女士。"我说。

我们休息了一会儿，和奥克塔维娅对视了几分钟。让我惊讶的是，她再一次朝着我们浮游上来。我们朝桶底看了一眼，发现她没有理会威尔逊喂给她的鱿鱼。真希望她已经吃过了。不过，我们很快发现了真相：无论刚才，还是现在，她都不是因为饥饿才浮出水面。

她浮出水面的原因很明显，也很充分——她已经整整十个月没和我们互动了，没尝过我们皮肤的味道，也没在她的水族箱上看到过我们。

她的身体多病而虚弱。在一个月之内，也许在某个早上，比尔就会在桶底发现她一动不动，苍白瘦弱的尸体。

但在那一刻，我们知道，奥克塔维娅不仅记得我们，还认出了我们。

我们知道，她想要再触碰我们一次。

◇◆◇

改建完工之后的巨型海洋馆，第一次注满海水，便焕发出一种奇妙而生动的绿意，仿佛孕育着新的希望。水质清澈如破晓的天空，倒映着千姿百态、流光溢彩的珊瑚雕塑和鱼群。

工作人员明智地先将最小的鱼放入水族箱里，这样他们就能跑到那些缝隙里，找到自己觉得安全和舒适的地方居住；然后再把更大型的，具有掠食性的鱼类放进来——这样他们就不会惊扰到小鱼。莫特尔还是占着她的老地盘。企鹅们也重回故地，跟十一个月前一样，精确地占据了他们之前各自的领地。水族馆一层再次回荡起了企鹅们喧闹的欢叫声，像是在欢迎游客的到来。

7月1日，改造过的巨型海洋馆重新对公众开放，举行了盛大的开馆仪式。

场面同样盛大的，还有玛莉安和戴夫的婚礼。斯科特的祝词从头到尾围绕着玛莉安与水蟒有关的工作，这也引起了一位宾客的吐槽：“嗯，这是我参加过最棒的蛇族婚礼。”

威尔逊和家人设法带他的妻子从疗养院出来，坐着轮椅参加了为他们的孙女索菲举办的派对。她认出了每一个人，而且看起来非常享受和大家在一起。

这个夏末，水族馆的科普部有一个正式岗位对外招聘，克莉斯塔最终从前来应聘的50人中脱颖而出。

当年七月和八月，参观新英格兰水族馆的人数共有43万人，创造了水族馆44年历史中的最高纪录。

◇ ◆ ◇

九月的一个星期三，我去看章鱼的展示箱，发现羯磨正在和人们玩耍。她将白色吸盘附在展示箱前的玻璃上，兴奋地爬来爬去，用条状的瞳孔看着大家。

“喔呀！章鱼！”一个小姑娘尖叫起来，她的金发用粉色缎带扎成三束小辫子。

“哇噢！酷毙了！”一个十几岁，穿着牛仔夹克的男孩说。

“同学们，快看这儿！”一位学校郊游活动的负责人把孩子们都召集过来。“章鱼爬出来了！”

我冲到楼上和威尔逊会合，一起掀开了羯磨的水族箱盖。她全身通红，浮上来向我们打招呼，然后把身体倒转过来等着喂食。当我们喂她吃毛鳞鱼的时候，下面的人们不停地拍照，闪光灯闪个不停。我们把鱼一条接一条地喂给她，总共喂了六条，全都被她迫不及待地接住了。我们从羯磨相互缠绕的腕足中间，看到这些鱼被满满地塞进了她的喙状嘴里。但即使在进食的时候，她也急着想和我们玩耍。她的腕足伸出水面，缠住我们。她的吸盘如此热情，在我们的前臂和手背上都留下了吻痕。

她真的把六条毛鳞鱼都吃下去了吗？我们走下楼，看着她的展示箱底部，想知道她有没有扔掉一些。

“刚才是你们和章鱼待在一起吗？”一个小男孩羡慕地问，就像刚见到我们和总统吃过晚饭一样。我们骄傲地点了点头。

“它认识你们吗？”一个留着胡子的中年男人用怀疑的口气问道。

当然认识，我们回答说。也许她对我们，就和我们对她一样熟悉。也许还要更加熟悉。

但我心中还是有许多疑问。当羯磨看见我们的时候，她的大脑（或者说她腕足上较大的神经束）是怎样运转的呢？当她看到我们（比如比尔、威尔逊、克莉丝塔、安娜和我）的时候，她的三个心脏会加速跳动吗？而当看不到我们的时候，她会难过吗？对一只章鱼来说——或者对其他动物来说，难过是一种怎样的感觉呢？当羯磨将巨大的身体挤入巢穴外壁狭小的裂缝时，她有什么感受？她用皮肤品尝毛鳞鱼的时候，味道究竟怎么样？

当然，我无法了解这些。我也无法确切地知道，我在她心中的分量。但我知道她——还有奥克塔维娅和迦梨——在我心中的分量。她们已经永远改变了我的生活。我爱她们，并将永远爱下去。因为她们给了我一份丰厚的礼物，让我更深刻地懂得了思考、感受与了解的意义。

Consciousness

◇ ◆ ◇

致 谢

我谨对本书中提到的每一位生物，乃至许多未能提及的生物，致以深深的谢意，无论他们是脊椎动物还是无脊椎动物。我在新英格兰水族馆遇到的每一位员工和志愿者都拥有渊博的知识，无一例外地给了我莫大的帮助，欢迎我对水族馆的每一个角落进行探索。安妮塔·梅茨勒让我看了作为她研究对象的龙虾（每一只都具有独特的个性）；杰米·马西森对我介绍了馆内的海豹与海狮，让一只名叫阿梅利亚的麻斑海豹（harbor seal）亲了我的嘴唇，又让一只名叫科尔多瓦的北部海狗（northern fur seal）亲了我的鼻子。资深值班工程师约翰·里尔登带我参观了地下层，那里是水族馆的核心地带，巨大的储水箱、水泵和过滤器嗡嗡作响。像这样的温馨回忆还有很多，我未能尽数写入书里，却会将这许多善意永铭于心。

同样，我也无法忘记佛蒙特州明德学院的章鱼实验室之行以及那里的十一只加利福尼亚双斑蛸，特别是那只活泼外向，编号为1号的雌性章鱼。我要感谢神经系统科学主任汤姆·鲁特、动物研究主任维基·马约尔、动物管理员助理卡洛琳·克拉克森以及在这次为期一天的访问中，对我和来自新英格兰水族馆的朋友们进行了热情接待的，其他动物管理员和研究员。

我参与的数次实地考察构成了本书的重要内容，其中包括一次海上考察和两次潜水考察。我对西雅图水族馆进行了两次学术访问，分别参加了章鱼研讨会和章鱼相亲会。多亏了已故的罗兰·安德森先生的好意，这两次富有意义的访问使我获益良多。我要感谢“潜水员联盟”商店的老板巴布·西尔韦斯特及全体店员，他们在水上运动方面给了我专业的指导，为我开启了潜水世界的大门。感谢我的水肺潜水教练，技艺非凡的多莉丝·莫里塞特，谢谢她带我到墨西哥科苏梅尔岛进行潜水，在那里我第一次看到野生的章鱼。我还要感谢我们这个亲密团队中的其他伙伴：罗伯·西尔维斯特、瓦尔特·胡克、玛丽·安·约翰斯顿、迈克·贝雷斯福德、贾妮思·纳多和雷·纳多以及科苏梅尔水肺潜水俱乐部的知识丰富、乐于助人的全体工作人员。我要感谢詹妮弗·马瑟，她组织和领导了莫雷阿岛和法属波利尼西亚的章鱼科考之旅，不但进行了开创性的研究，更是表现出慷慨的胸怀，给了我历久不变的友谊。也一并感谢其他研究人员：大卫·谢尔、塔蒂阿娜·莱特和基利·兰福德，我将永远珍惜和他们之间的友情。

此外特别鸣谢以下人士：

《猎户座杂志》编辑（同时也是杰出的作者）安德鲁·布莱克曼，谢谢他鼓励我，在他那份优秀的杂志上发表关于章鱼的原创文章。

进化生物学家盖理·加尔布雷特，他是我的首席科学顾问，也是我才华横溢的偶像和老师。他是一位广受尊敬的实地研究员，广交世界各地的动物朋友。

乔迪·辛普森，三年以来，她无数次与我和我的狗狗们——萨莉、珍珠和梅——在林中漫步，听我谈论关于本书写作的种种想法。

博学多才的迈克·斯泽莱克，他是一位坚忍不拔的冒险家，在我写作本书的过程中胜任研究助理一职，为我搜索了与章鱼有关的各种文献，主题从头足类动物缠卵腺功能，到日本人提出、较少得到关注的“触手性行为”概念。

新罕布什尔州汉考克的图书馆员艾米·马库斯，在我为了写作本书而外出调研的时段，她兼职担任我的私人助理。

作者兼译者杰里·瑞安，他将新英格兰水族馆的悠久历史对我娓娓道来。

狄安妮·斯托姆贝克，她以敏锐而传神的笔触为奥克塔维娅、迦梨和羯磨画下了肖像；约翰娜·布拉西，她为巨型海洋馆拍摄了大量照片；基思·埃伦博根和大卫·谢尔，他们热情洋溢地伴我同行莫雷阿岛，还为我拍了许多照片。

保罗·迪珀利托为本书设计了美观的封面装帧。莉兹·托马斯在我创作本书和进行相关调研的过程中，给了我源源不断的支持，提出极为中肯的建议——并且在我之前，相信还有将来的一切创作中，她都一以贯之地帮助我。

我的丈夫，霍华德·曼斯菲尔德，感谢他细致的编辑审校工作，他的耐心和善良以及特别感谢他默默接受了我身上被章鱼印下的所有“吻痕”。

玛莉安·布里特、克莉斯塔·卡赛欧、赛林达·切克因、马克·多昂、斯科特·多德、乔尔·格里克、詹妮弗·马瑟、玛莉安·马吉尔多昂和萨姆·马吉尔多昂、罗伯特·马茨、威尔逊·莫纳西、比尔·墨菲、安德鲁·墨菲、朱迪思·奥克斯纳和罗伯特·奥克斯纳、杰里·普莱斯、莉兹·托马斯、乔迪·辛普森、格雷琴·沃格尔、波莉·沃森，感谢各位仔细阅读本书手稿，并给予指正和点评。

我亲爱的作者代理人莎拉·简·弗莱曼，我令人赞叹的编辑莱斯利·梅雷迪斯及其杰出的副主编多娜·罗弗雷多，你们从一开始，就坚信本书能够取得成功。

译后记

我们只是人类

几个月之前，海洋出版社项翔编辑来电，说有一批书要从国外引进，大抵属于生态纪实文学范畴，都是知名作家在畅销榜上的作品，每本书写一种不同的动物，问我能否选择其一来翻译。给我的选项包括海豚、鲨鱼、章鱼，同时她倾向于先找到海豚那本书的译者，因为喜欢海豚的人最多，预期市场最好——原书在海外的销量似乎也证明了这一点。其次是鲨鱼，大家对这种可怕的海洋杀手一向兴趣浓厚。我也同意她的分析。

至于章鱼——好吧，除了2010年南非世界杯期间那只神奇的章鱼保罗，我对这种动物的印象主要来自于天津7-11超市里的一款“芥辣章鱼足紫菜包饭”，有段时间我天天拿它当早点。不过我还是请她先将三本英文原书的PDF都传给我，待全部通读一遍再做定夺。

大概十来天之后，我改变了主意，决定翻译章鱼这本书。

怎么说呢，与海豚一书的优雅华丽，或鲨鱼一书的残酷写实相比，《章鱼星人》从内容到文风都显得平实了许多，作者并不以写作技巧见长，个别细节甚至有拉杂啰唆之嫌。（为了增强中文版的可读性，我翻译时不得不在一些地方重新分段以及调整句子顺序。此外也做了一些将英制单位换算成公制单位之类的小调整，以符合我国读者习惯。）然而，在这平实的叙述中却有某种隐秘的魔力，在不知不觉间浸入到读者的内心。即使描写人与动物关系的书籍并不鲜见，但要去亲近一种与人类如此不同的动物，甚至尝试走进对方的内心，进行一场代入式的灵魂之旅——是的，这仍然需要无比强大的想象力和发自内心的真诚共鸣。

书中最吸引人的一点，莫过于对章鱼灵魂的探索。作者赛·蒙哥玛丽坦诚地站在章鱼面前，没有半点自诩万物之灵的傲气，而是把两个物种真正放到平等的位置上，去虚心地聆听、了解、学习。她说：

她（章鱼）是一个独特的个体，又像是一道传送门，将我带入到一种新的思维方式当中。她让我开始对人类的思想进行反思，开始探索其他生物的想法。她引导我以一种全新的方式探索自己的星球——一个大部分由水构成，对我来说全然陌生的世界。

这种将人与章鱼（以及其他动物）平等看待的态度，本书译者在翻译时也尽可能顾及和保留。尽管中文习惯用“它”来代指动物，译文仍然保留了英文人称，用“他”和“她”来指代绝大部分动物，只有在指称动物尸体时以及在转述一些观念守旧者的叙述时仍然用“它”。在内容上，译者也在忠实原文的前提下，力图使作者的平等观点同样内化于译文叙述之中。

考虑到人类与章鱼的物种差异，人要想了解章鱼的心灵，远比想要了解伴侣动物（如猫狗）或与人有亲缘关系的动物（如猿类）要困难得多。二者毕竟从生理构造到生存环境都有绝大的差异。

你很难找到比章鱼更不像人类的动物了，二者的身体结构完全不同。我们在空气中呼吸，他们在水里呼吸。我们的身体从上到下依次是：头，身体，四肢；而他们是：身体，头，腕足。如果你把他们的腕足比作我们的手臂，那他们的嘴就长在腋窝下面——而如果你更愿意把他们的腕足比作我们的腿，那他们的嘴就长在，呃……胯下。

不仅如此，章鱼和人类以及大多数动物不同，不是用单一的大脑来思维，而是用密布全身的神经元来同时进行“多线程”思维，就像同时处理多个任务的多核CPU一样。这样的思维方式对于人类来说是无法体验，也难以想象的。

然而，本书的一大趣味也恰恰来自于此。作为这个星球上最具好奇心的物种之一，越是难以想象的事物，我们人类越想要去探索和了解。正如作者所说：

我仍然在想：做只章鱼是什么感觉？

我们想知道的正是我们所在乎的，难道不是吗？和章鱼每次见面，一起用餐，倾诉秘密，分享静寂时光，每一次触碰，每一次对视，我都忍不住在想：

做你，是什么感觉？

更可贵的是，书中对于章鱼灵魂的探索，并不是出于高高在上的，仿佛殖民者面对土著时的猎奇兴趣，而是一场朋友之间的交心对谈。蒙哥玛丽充分地意识到了人类的局限性。当章鱼“迦梨”意外从水族箱中逃出，不幸身亡的时候，她与朋友威尔逊不但悲痛不已，也表达出了对迦梨的尊敬和对自身的反思：

就像挑战者号航天飞机上的宇航员，在发射升空的过程中炸得粉身碎骨。或者像是那些在寻找尼罗河源头，穿越亚马孙丛林，探索南北两极的过程中死去的英雄们。为了探索更加辽阔的世界，迦梨也选择了面对未知的危险。

威尔逊说：“章鱼拥有自己的智慧，这是我们人类不能与之相比的。不过，我们可以从错误中吸取教训，总结经验。我们最多也只能做到这样了。”

“毕竟，”他说，“我们只是人类。”

这是一句振聋发聩的话。从某种意义上说，近几百年的历史，既是人类文明发展到前所未有高峰的历史，也是人类欲望反复膨胀，周期性引发灾难的历史。从经济危机到环境污染，从险些灭绝人类文明的两次世界大战，到今日核战争、变异病毒、文明冲突的阴影……每个时代都不乏反思者，然而总有人忘掉那些可怕的惨景，令人类和地球一次次行走在悬崖的边缘。庆幸的是，还有像赛·蒙哥玛丽这样的人，尝试将我们从无所不能的巨人幻梦中叫醒，告诉我们怎样面对这个仍然未知的世界，怎样和其他物种相处。

或许在这个意义上，我们能够经历一次和作者相同的蜕变，不仅对章鱼，也对世间的一切“异己”，从厌恶拒斥，到好奇探知，再到宽容理解，最后走入彼此的灵魂。

愿我们的生活，在友爱与同情中得到改变。

王小可

2016年初秋于峨眉山